与负面情绪和解

掌控情绪，不能靠忍

墨 非◎著

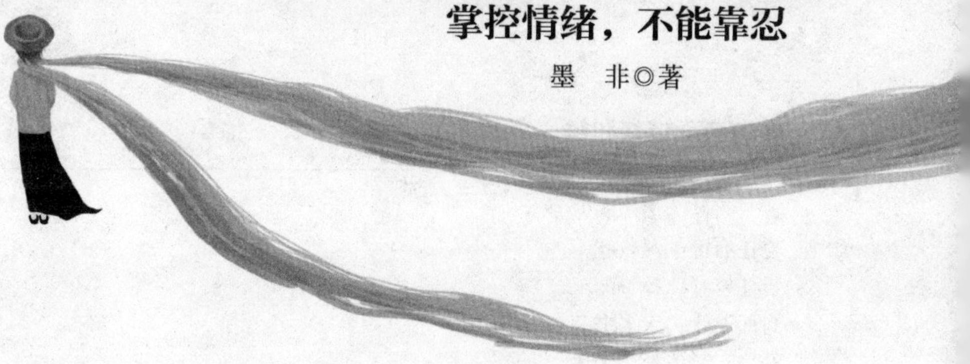

中国華僑出版社

·北 京·

图书在版编目（CIP）数据

与负面情绪和解 / 墨非著. — 北京 ：中国华侨出版社，2021.5

ISBN 978-7-5113-8413-3

Ⅰ. ①与… Ⅱ. ①墨… Ⅲ. ①情绪－自我控制－通俗读物 Ⅳ. ①B842.6－49

中国版本图书馆 CIP 数据核字（2020）第 226677 号

● **与负面情绪和解**

著　　者 / 墨　非
责任编辑 / 江　冰
责任校对 / 孙　丽
封面设计 / 天下书装
经　　销 / 新华书店
开　　本 / 710 毫米×1000 毫米　1/16　印张 /15　字数 /180 千字
印　　刷 / 香河利华文化发展有限公司
版　　次 / 2021 年 5 月第 1 版　2021 年 5 月第 1 次印刷
书　　号 / ISBN 978-7-5113-8413-3
定　　价 / 49.80 元

中国华侨出版社　北京市朝阳区西坝河东里 77 号楼底商 5 号　邮编：100028
法律顾问：陈鹰律师事务所　　编辑部：（010）64443056　　64443979
发行部：（010）64443051　　传　真：（010）64439708
网　址：www.oveaschin.com　　E-mail：oveaschin@sina.com

前言 PREFACE

生活中，我们常被一种思想误导：所谓的处理负面情绪就是要懂得“忍耐”，一个能忍的人，是有修养的表现。于是，我们多数人在遇到情绪问题时，尤其是当负面情绪袭来的时候，我们都会选择暂时的“隐忍”。越忍越难受，最终使得被压制的情绪像火山一样爆发出来而酿成大错。这样的人，看似情商高、有修养，实际上却总被情绪控制，他们易怒、冲动，也很容易失控，因为他们每天都背负巨大的精神负担，最终伤害的却是自己的身体健康。

实际上，真正的掌控情绪根本不能靠忍，而是懂得与负面情绪和解，即与其和谐相处。要知道，所有和谐的关系，都有一个前提就是先懂得去主动“接纳”。只有先以开放和慈悲的心态去接纳，对方才会变得柔软，甚至臣服。情绪亦是如此！生活中，那些靠“隐忍”去压制情绪的行为，实际上是与内在“自我”的一种对抗，要知道，与“自我”的对抗是一场只输不赢的“战争”。因为所有与之对抗的，它就会变得越发强硬，越发折磨人。所以，我们是无法通过“抗拒”的方式去消除内在的焦虑、痛苦、忧虑、悲伤、难过等负面情绪的，要掌控它们，只有一种方式，那就是试着去接纳它们，以柔软和仁慈的方式敞开胸怀去拥抱它们。当你放弃了与它们的“对抗”，以温柔的姿态去体味它们时，它们便会在你体内自由流淌，然后慢慢地消失殆尽。

接纳负面情绪，并试着与它们和解，就是要尽情地敞开你的心灵，坦然地去接受自己所遭受的不幸、痛苦等，去体味和感受它们，然后让它们成为你生命中不可或缺的一部分。接纳负面情绪，也是一个深刻剖析自我的过程，是总结过往、善待自己的过程，更是重拾幸福、重塑自我的过程。

一位哲人说，一个人对待痛苦的态度，决定了其心灵是否强大。因为选择隐忍、压制情绪，就是直接与负面情绪抗争，那只会让我们深陷其中，是对自我的一种消耗。在抗争的过程中，痛苦的情绪会变得极具破坏性，它能击溃我们的思维、身体及精神。而当我们敞开心灵去接纳它们，那时你会发现自己自此不再自责、批评，不再试图去纠正自己，也不再试图去纠正他人，甚至去纠正整个世界，此时的你会进入一个崭新的和谐、柔美的世界。

这本书很特别，它结合了生活中真实生动的案例，告诉你掌控情绪的关键并不在于咬牙切齿地克制，而在于轻松随意地以软弱的姿态去接纳它们。要做到这些，你必须要搞清楚情绪反应系统的内在逻辑，弄明白它们是如何在我们内心蔓延，从而影响到我们的生活的。这本书帮助你建立起主动“趋利避害”的情绪系统，让情绪成为你可以随意选择的一项人生助燃剂！不再让情绪拖累你的人生！

这本书可以做你的好朋友，让你在濒临崩溃的边缘，悬崖勒马。

目录

CONTENTS

第一章

掌控情绪不靠忍

——但凡强忍下的伤痛，必会愈发坚硬

如何处理负面情绪，几乎是每个人必须要面对的人生课题。但是，在现实生活中，我们常受到的教育就是：要控制好情绪，必须要懂得“忍”，即负面情绪来了，强忍着不能随意发泄。于是，开始不遗余力地打压情绪，抑制负面情绪的产生。情绪在隐忍中不断地被压抑，终将爆发出来巨大的能量，最终酿成大错，瞬间可能摧毁你的一切。实际上，人们忍受情绪的过程，也是在与负面情绪“对抗”的过程。当你拒绝它们，它们则会变得愈加坚硬。而当你学着去接纳它们时，负面情绪自然就会“软下来”，然后通过“自由流淌”的形式被化解掉。所以，掌控情绪从来不靠忍，那些被你强忍下的伤痛，必会愈发坚强，对你的伤害也就越深。

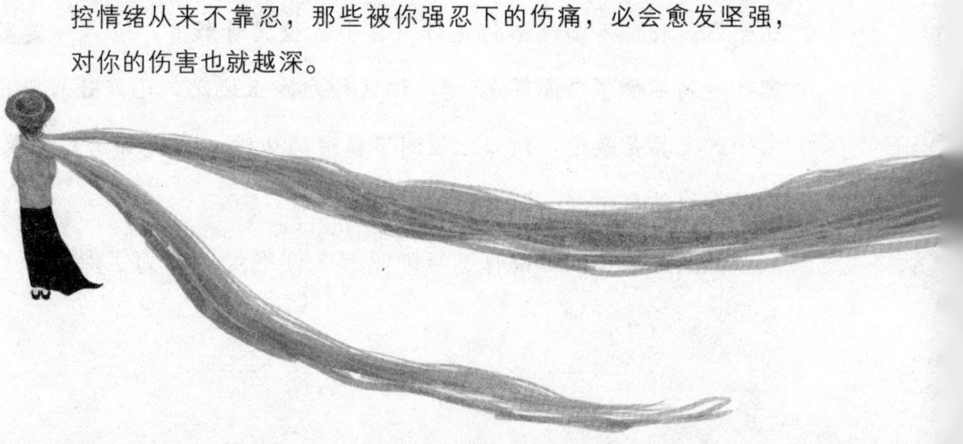

忍一忍就过去了？过不去

在现实中，很多人都认为所谓的掌控情绪就是不让自己随意乱发脾气，时时都能保持平和，即便内心都炸出蘑菇云了，面子上也该装出云淡风轻的样子。遇到委屈、不公、嘲讽甚至诋毁时，总觉得忍一忍就过去了。于是，你一味地克制自己，致使自己内心怒火翻腾不止，背负着巨大的精神负担，最终憋出“内伤”来。

在所有人眼中，钟弈彤是个情绪稳定、脾气极好的姑娘。可是，她内心却苦不堪言。她告诉我说，自己的好脾气都是“忍”出来的。

室友将她的一瓶精华液打翻了，所剩无几。她没有怪对方，反而安慰她道：“东西打翻没关系，碎玻璃没割着你的手吧！”室友见她如此客气，开始得寸进尺，不停地埋怨她化妆品放的位置不对。钟弈彤虽然不断地致歉，但对方还是数落了她好几天……她也只是忍而不发。

上周她花近万元报了一个会计专业的晋升班，并且到书店买了几百块的资料。可她还未来得及用，就被同样学会计的朋友拿走了，并且一分钱没给她，这让她很是窝火，几次催朋友归还，朋友却找各种理由推脱，而钟弈彤也只是默默地忍受着。对此，她曾向我诉苦：“我喜欢和别人分享交流，但我讨厌自己一味地付出，而别人一味地理所当然地向自己索取，我也不知道如何是好。自小就被父母教育‘女人一定要懂得宽容，遇到不平事要懂得忍让’，但这种无休止地忍，已经让我憋出了内伤来……尤其是最近，内心已经到了崩溃的边缘，每天都活在焦虑、不安、痛苦和纠结之中……”

其实，很多人都曾有过与钟弈彤一样的经历，为了保持平和、息事宁人，遇到不公待遇后一味地忍，觉得忍一忍就过去了，可内心却是备受煎熬，最终受内伤的还是自己。当然，这与我们对“忍让”的错误认识是有关系的。在现实中，很多人都认为忍让是可贵的，但是忍让并不意味着让你丧失原则地一味退让，并不是面对误解、委屈甚至诽谤而无动于衷，而是为了顾全大局、着眼于未来而不得不采取的一种权宜之计。比如说韩信受胯下之辱、勾践卧薪尝胆等，都是为了保全自己，而不得不采用的一种权宜之计，这样的“忍”是一种智慧。但在现实生活中，那种丧失原则的屈辱之“忍”，则意味着没有人格，意味着软弱可欺。很多时候，内心不快又无力排解心中的郁闷情绪时，你总会告诫自己：“忍一忍就过去了”，殊不知，你的这种“忍”，是任由怒、怨、嗔等不良因素在内心翻腾，最终不仅伤心，而且还伤身。

《红楼梦》里的林黛玉，生有闭月羞花之貌，但因自小寄人篱下，养成了敏感多疑的个性，遇到不平事总是隐忍不发。有时候对于别人一句无意的话，她也会辗转反侧，难以入眠，抑郁不已，最终只得落下个“红颜薄命”的悲惨结局。还有唐代著名诗人李贺，他思路敏捷，才华过人，被人称为“诗鬼”。只可惜他却是一个不懂如何发泄和疏解情绪之人，常因为生活中的一些小事而郁郁寡欢，愁肠百结，27岁便不留于人世。

遇到不平事或委屈，内心是满满的负能量，而内心的潜台词却是：生气对事情没有帮助，唯一损害的是我们的福祉和与他人的和气。于是，便开始强忍着，最终憋屈死。正如作家张德芬所说，我们身上所积压的负情绪就是一种堵塞的能量，这种能量同样会使你迷失心智，失去理智，充满抱怨，看不到生活的阳光，甚至最终影响你的身体康健。为此，从现在开始，你觉得掌控情绪要靠“忍”，与人保持和谐要使你原则尽失，遇到不平之事，你觉得忍一忍就过去了，但这里要告诉你，掌控情绪重要的是要学会疏通，将不良情绪通过合理的方式疏通出去，一味地隐忍、压抑和排斥，最终会使你身心俱伤。

常被情绪操控，源于对情绪的错误认知

一些人生活中常被情绪操控，总易深陷于负面情绪中无法自拔，皆源于其对情绪的错误认知。负面情绪会让我们付出巨大的代价，会消耗我们的生命，所以我们要去躲避或压制它，进而陷入情绪的旋涡中，无法脱身，这也是我们常被情绪操控的原因。

一位心理学家曾做过这样一个实验：

在教室中，他拿出一幅画着红色苹果的大图片，让6位学生对着浏览3分钟，然后，这位老师又将这幅画拿开。他让这些学生闭上眼睛，并且告诉他们，让他们在1分钟内别去想刚才看到的图画。然而，1分钟过去了，这6个人的头脑中几乎都曾多次蹦出那幅画。这位心理学家指出，刚才那幅画就像我们的负面情绪一样，有时候你越是不愿意想起，越是想忘掉，它反而越是会蹦出来，这是因为我们常在与自己的负面情绪做对抗，很多事情就是如此，你越是压抑，它就会变得越强。

这个实验旨在告诉我们：要想不被情绪掌控，首先要做到的一点，就是不去压抑它。事实上，当你试着去接纳、包容，与它们和谐相处的时候，我们反而更容易从中解脱。当然，要想与情绪握手和解，首要的一点就是要正确地去认识负面情绪。

在现实中，多数人觉得负面情绪对我们是有害的，比如愤怒、恐惧、嫉妒等情绪，我们常对它们避而不及。事实上，这些负面情绪的存在是具有积极意义的。对此，美国神经科学家约瑟夫·杜来认为，焦虑和恐

惧等情绪是由大脑中不同的两条通路运行的。一条通路与基本情绪相连接，它传递信号非常迅速，但是容易出错；另一条通路与认知系统相连接，它传递信号慢，但能对你的情绪在特定环境中进行分析，得到的结论更为准确。

人的两条情绪通路能并行运行互补有无时，一个人就能对外界的刺激做出及时准确地反应，从而成为特定环境里的佼佼者，而当某条通路出现问题时或者两条通路冲突严重时，人会出现严重的心理问题。比如充满嫉妒的人，脾气暴躁，行为极端，这种过分的反例让大家厌恶，但嫉妒是有好处的，它可以提醒我们，我想要某些东西，我需要想办法得到它。或者让我们做出一些改变加强感情来保住我们爱的人。再比如当我们的生存受到威胁时产生的焦虑，它会提示我们要对此做出积极的回应，以更好地保护自我。还有一些负面情绪，如若你用心去体会，它都会给我们一份推动力，推动我们去做出正确的判断和行动。这份推动力，既可以是赐予我们的一分力量，又或是指明一个方向，有的更能两者兼备。比如当我们回忆过去做错的一件事情时，就会因为内疚产生反思，产生改正这种错误的勇气；当我们感到痛苦时，就会想办法避开这种感受；当我们有忧虑时，就会努力让自己做的更好一点；当我们恐惧时，就会寻求避开存在的危险或不去尝试；当我们悲伤时，就会从中取得智慧，更加珍惜眼前所拥有的，这些我们可以称之为情绪经验。

正如美国作家、商界知名人士查尔斯·哈奈所说的那样，很多时候，忧伤是有意义的，所有的情绪都是有意义的，积极情绪就像是营养树，而消极情绪就像是汽车的保护系统，它们的存在都是帮助你成为更好的自己，使你的生命有更深的领悟。实际上，一个人拥有积极的心态，并非是没有消极情绪，更不是去消灭负面想法，而是要懂得给自己的负面情绪创造一个独处的空间，尽量让它不影响到整体的自己。比如当你感到忧伤时，你可以在脑中默默地想，忧伤又来了，就像对待老朋友一样去对待它，慢慢地接受它，与它握手言和，让它安静地待在你给它创造的空间里，这样你才能真正地成为它的主人。久而久之，如果你总是这样去锻炼自己，你就可以完全掌控自己的情绪，成为它们的主人。

悄悄毁掉你的不是负面情绪，而是压制情绪

情绪是人的一种正常反应，正如吴淡如所说，但凡是人，都会有情绪波动的。从普通心理学定义上讲：情绪是指伴随着认知和意识过程产生的对外界事物的态度，是对客观事物和主体需求之间关系的反映。是以个体的愿望和需要为中介的一种心理活动。一个正常的人，必然是有情绪的，因为这是人的生理现象。没有情绪的人，是无法想象的，可以说如同行尸走肉、没有了灵魂。一个人若无喜怒哀乐的情绪，就是不完整的人，这也是人生的极致痛苦。

当然，人的情绪有积极和消极之分。积极情绪主要包括喜爱、开心、幸福、愉快、崇拜、希望、宁静等，这类情绪会产生正面的影响，可给人“增力”，可以提高、增强人的活动能力，可促使人积极地行动。比如可以提高人的思维能力和奋发向上的精神，产生向上的力量，使人生机勃勃、缔造和谐，对身体健康有莫大的帮助；消极情绪则包括沮丧、妒忌、紧张、怨恨、烦恼、愁闷、抑郁等，这类情绪会产生负面的影响，会“减力”，会降低人的活动能力。如由痛苦引起的悲哀会使人心不在焉，削弱人的活动能力，甚至产生悲观厌世的念头和慵懒、萎靡不振、颓废的心态，久而久之对人的身心产生极大的危害。在现实中，很多人为了防止被负面情绪所“伤”，会拼命地压制它们：在难过的时候假装很

高兴的样子，在感到委屈时将负面情绪强压下去，在焦虑时故作“镇定”等等，因找不到一个合理的出口，使负面情绪不断地消耗自己内在的正能量，毁掉自己有限的幸福感，日积月累成为收不回来的“坏账”，最终压垮了我们的人生。

晓微是公司一个刚入职不久的小姑娘，最近她失恋了。白天在办公室，她像个没事人一样，该安静时安静，该放松时就和其他同事照样嘻嘻哈哈爽快地开怀。但是，据一位同事说，在下班后，她一走上大街就开始哭，一路哭到家，看到同屋的室友后，她又继续装没事儿人一般。

好一个有礼有节的失恋态度，整整地装了一个月，她的精神彻底垮掉了，只好放大假回家调养身体。

社会学家将情绪分解成两个维度：你的真实心情如何，这叫情绪感受；你所表现出来的情绪是怎样的，这叫情绪表达。他们认为，“情绪表达”和“情绪感受”的差别越大，你内在的消耗也就越大，就像晓微一样，明明是刻骨铭心的失恋，却硬是装作无所谓，如此积累一个月的负面情绪让她彻底透支了。

现实中为何有些人一开始热情高涨，后来却慢慢地变冷淡了？也许不是他们的热情被消磨殆尽了，而是刚开始假装喜欢，后来觉得自己的内在被消耗得太多，致使他们“实在装不下去了”！为何有些人在一味地克制、压抑自己的情绪，致使自己的心灵上蒙上了一层厚厚的“污垢”，或者是某一天像火山爆发一般，发出强大的威力，使我们在瞬间“灰飞烟灭”。

同事薇薇最近看起来都异常疲惫，因为她的婚姻和生活都出现了许多问题。在同事眼中，她本来就是个开朗、热情与和蔼的人，每当有人向她请教工作上的问题，她总是极有耐心地给予帮助。尤其是最近，尽管她内心压抑了太多不开心的事，面对同事向她“抛”来的问题，心里纵使十分不情愿，但也会答应下来。

她缺乏拒绝别人的力量和勇气，内心深处总在想如果拒绝别人，别人会怎么看自己。虽然她是朋友和同事眼中公认的“老好人”，但在家中，尤其在孩子和老公面前，她却是个十分情绪化的人。

在这样的情况下，薇薇发现自己越来越不快乐，总是委屈和压抑自己的情绪去讨好别人。而且她也觉得自己越来越不喜欢自己。当我们最不喜欢自己的时候，也是最没有力量的时候。

薇薇虽然对同事和朋友都是客客气气的，几乎是有求必应，但是对家里人，尤其是对老公和孩子却总是缺乏耐心。而且常常是前半段压制着怒火，好声好气地说，突然就没有预兆地爆发了，即使她知道这样不好，但根本就停不下来。

直到有一天孩子突然冲她大吼，你就知道对我凶，你对所有人都比对我好，你到底对他们是“假好”还是真心地讨厌我？在那一刻，薇薇突然怔住了，这时她才发现自己将内心压制的不良情绪都对准了她的家人。

所以艾克·哈特在他的《新世界，灵性的觉醒》里说，“地狱之路是好的意图铺就的。”在现实中，很多人都有薇薇一般类似的经历：为了在周围人中扮演好“老好人”的角色，不断地压抑自己内在的负面情绪，最终在自己最亲近的人面前去释放，伤害到他们。

每个人都会滋生负面情绪，但是它不会因为你的刻意压抑就会自行消失，它们一直都在。时间一久，它们会被你压抑到更深的地方，那些我们不想面对不想承认不愿接纳的部分，便构成了你人格的“阴影”。我们每时每刻都在不断地消耗我们的内部正能量，使我们变得阴郁而不快乐。

心理学家指出，那些被我们压抑的情绪并不会因为个人的意志力而消失，它会一直储存在我们的体内，直到遇到一个合适的出口而爆发出来，要么对外，在人际关系中呈现；要么对内，在身心健康上呈现。比如很多极为严重的疾病的产生，都与压抑的情绪有着极大的关系。所以，我们要明白，情绪靠疏导，而不靠个人的意志力去压制，因为它不会凭空消失，那些被你压制的情绪，最终会以另一种方式来伤害你，甚至毁掉你。

很多痛苦源于：与真实自我的一种“对抗”

很多时候，你生活中所滋生的负面情绪，都是与“真实自我的一种对抗”。也就是说，我们常被负面情绪缠绕，很多时候是源于从不了解真实的自己开始的。这里所说的了解自己，就是对自己的所思所感所为有足够的觉察和理解。一般人可能会说，我很了解我自己呀，其实你说的“了解自己”，只是了解自己意识层面的想法、感受和行为。事实上，意识层面的了解只是关于“自我”的极小的一个方面，就是真正明白自己想要的是什么，想拥有什么样的生活或状态，然后依自己深层次的意念去做，而不是为了外界的种种压力或看法去委屈自己，最终再跟自己过不去。

玛丽本是个崇尚独立自由的女性，渴望活出属于自我的精彩。在未步入婚姻之前，她是个快乐且单纯的女孩，是一家知名企业的注册会计师，并且非常喜欢自己的工作。

可是在她28岁的时候，意外地遇到了杰瑞，那个让她为之疯狂的男人，很快，她坠入爱河，与杰端结婚、生子。杰瑞是一个画家，当时的他有一个独立的工作室，事业刚刚起步。玛丽为了支持丈夫，她无奈辞去了工作，承担起了操持家务的责任。但是四年过去了，她的生活开始变得一团糟，丈夫的工作室因经营不善，濒临倒闭。因为生意上的不顺，丈夫开始酗酒，总是彻夜不归，同时对她也越发地冷淡，对她在经营工作室方面提出的意见或建议开始熟视无睹。同时，三岁半的儿子越来越不听从她的管教，总是与她唱反调。因为长期不与外界接触，玛丽身材臃肿、面色枯黄、蓬头垢面，每天时不时地会对着调皮的儿子和不听劝的老公大吼大叫，俨然一副“泼妇”模样。

这时的玛丽才意识到，这根本不是她所想要的生活。这几年，她彻底失去了自我，总是替别人着想，总是千方百计让老公、儿子高兴，而自己委曲求全。面对一团糟的生活，她时常感到痛苦和压抑，甚至曾一度患上了抑郁症。

对于玛丽来说，她显然十分了解自己的价值观，那就是要做一个独立自主的女性。但是在婚后，她却为了老公和孩子放弃了自己内心真正的追求。她为了让杰瑞和孩子接纳自己，辞去了工作。可最终，当老公事业失败、孩子不听话，自己的外在形象也毁于一旦时，开始后悔自己当初的选择，开始跟“真实的自己”进行对抗。

其实，很多人之所以会因为这样或那样的事纠结、痛苦，跟自己过不去，实际上都如遇到了与玛丽相似的经历。从心理层面分析，玛丽肯放弃工作去全力照顾家庭，是因为其内心深处，总有一个声音在告诉她，如果不这么做，她将难以得到爱人杰瑞的认可与家庭的接纳，这是很深的无意识层面的意念，她无法看到这个意念的限制以及打破它的可能性。如果深察内心，她能够看到这个意念，并且觉得这个牢固的意念是可以打破的，并且遵从内心的想法，即“即使我不回归家庭，在职场上发挥才能，老公和孩子也许会生活得更好。如果这么去做，老公和孩子会更喜欢自己”。那么，玛丽的生活就不会如现在一般糟糕，她不会如此痛苦和压抑，这般与自己过不去。

一个人若缺乏必要的自我觉察力，便常常会成为自己痛苦的制造者而毫无所知。就像是一个被预先设定好程序的机器人一般，固定的按钮一旦被外界的人或者事所碰触，就会痛苦大爆发。相反，一个人若有了自我觉察力，就等于拥有了一个空间，成为自我意识、情绪和理念的觉察者，成为一个容纳这些过程发生的安全空间。

自我觉察发生的同时，也就是自我接纳的开始。就像上述事例中的玛丽女士一般，当她自我觉察到自己内在对“自我需求”的忽视，而开始接受自己的时候，也就意味着她可以有一个内在空间给自己，一个人只有开始爱自己，照顾好自己，才会真正有能力去照顾别人，爱别人，否则，只能是自欺欺人而已，结果一定是痛苦的。水满自溢、爱满则流就是这个道理。

生活中，绝大多数人对待自己，都处于一种分裂状态，只欢迎和接受那个好的自己，不要那个不好的自己。如果你静下心来仔细分析，那所谓不好的自己，其实是因为被各种负面意念所禁锢的自己，比如“我是一个能力弱的人，什么都干不好；我长相不好，不配得到别人的爱；我是一个弱小者，我没办法去关心别人……”当这些负面意识根植于无意识深处，如果你无法察觉到“我究竟是谁，我是怎样的人”等更深层次的问题，不去觉察你意识中的荒谬和虚假，那么，这些信念就会一直统治和占据着生命，让人拼命去追求一个更好的自己，用以抵抗这些令你痛苦和不堪承受的自己，所谓的“坏的自己”。于是，你的生命就会变成一场对抗战，极力要将那些坏的感受排斥掉，分裂掉，投射到别人的身上，成为所有奋斗和努力追求一个理想自我的全部动力。这一切需要足够的自我觉察。

有了很好的自我觉察力，就会很自然的放弃那些限制生命发展的种种不合理或负面的意识，从而不再把主要关注力放在一个“假我”的塑造上，而是能够将自己的创造力从自我压抑的状态下解放出来，让真正的自己活出来，从而获得真正的安全感和自信心，创造更为真实和美好的人生。

弱者才去强忍，强者都懂得与负面情绪和谐相处

作家张德芬说过这么一句话：“什么样的人最有魅力！我愈来愈觉得，内心有力量的人。什么叫‘内心有力量’？就是遇到困难，碰上痛苦时，能够坦然地与自己的负面情绪相处。困难大家都有，痛苦每个人也不缺，只要你是人，这些都是不可避免的，但内在有力量的人则可以不受苦。”这句话告诉我们，负面情绪是人的一种正常的情绪波动反应，它跟生病一样，很多时候是不受主体控制的。而生活中的多数人总会选择去“忍”或者说是压制它，进而致使自己越来越痛苦。因为强忍之所以难，在于要与自己的天性对抗。而内心有力量的人，首先懂得去接纳这些负面情绪，认识到它与愉悦的情绪一样，都是人正常的一种心理反应，然后用有效的方法将之排解，最终得以解脱，这也是与自我和解的一个过程。

有这么一位女孩，她总害怕别人取笑自己。其实她是一名成绩优秀的学生会干部，在学校一次联欢晚会上唱歌唱跑了调，引起台下同学哄堂大笑，她立即觉得脸面无光，感到极度羞辱，所以，之后她再也不参加演出活动了。

就拿这个女孩来说，首先她需要确定心中害怕什么、担忧什么？对于已经存在的“恐惧”事件，与其逃避，不如正视它并改变它。观念上

要明确，只有面对才能消除恐惧。在这一基础上，她这才能有效地找到解决之道。

生活中，当负面情绪袭来时，一部分人会像上述事例中的女孩一般，采用逃避方法去处理，结果使人状态越来越糟糕，也使人的潜能受到限制。还有绝大部分人，当感觉不好的时候，会一直想着要从这个泥潭中挣扎着逃出来。比如工作不顺心、情绪沮丧、晚上失眠，心里总想着“让它过去，让它过去”，如此下去，人变得更加焦虑，第二天心情也会变得更加沮丧。对此，心理学家指出，一个人若对负面情绪总是表现出抗拒、否定、压抑、排斥的态度，那么，人对这种负面情绪的感受会不断地加强。请记住：凡是你所抗拒的，都是会持续的。因为当你抗拒某一种情绪的时候，你就会聚集在那种情绪或者是事情上面，这样就赋予了它更多的能量，它就变得更为强大了。

露的丈夫是在一场车祸中丧生的，她与丈夫刚结婚不久，两人感情很是甜蜜。当她得知这个消息时，悲痛欲绝的她完全没办法让自己平静下来。近半年来，每当想起死去的丈夫，无论她做什么，想什么，心都是刺痛的。她知道，要让自己摆脱痛苦，唯一的办法就是让自己忙碌起来。她将所有的精力都投入到工作中去，但是只要她一静下来，甚至只要走路停下来一会儿，那种哀伤就会袭上心来，令她无法招架。后来，露不再逃避，不再没事找事地瞎忙，当丧夫之痛袭来时，她让它涌上心头，看着悲痛一点点地走近自己，然后渐渐地消退，虽然想到仍旧会难过，但能让她慢慢地平静下来。

最后，她终于战胜了自己，她已经可以不必再抗拒那种情绪，她明白最痛苦的那一刻已经过去了，她想重新开启属于自己的生活。

“我可以再次体会人生的快乐，那些痛苦已不是现在的事了。它只是我人生的一部分，而我人生其他的道路，还可以继续走下去。”这是走出伤痛后，她所说的第一句话，她的坚强让所有的人肃然起敬。

面对负面情绪，越是逃避、抗拒，它对你造成的伤痛越强，而当你勇敢地去面对时，就像露一样，让它尽情地涌上心头，看着悲伤一点点地走近自己，然后渐渐地消退，最终让它成为永久的过去。

另外，学会与自己的负面情绪和谐相处，还要做到：当心情不好时，也不要试图去隐藏自己的真实情绪，用层层的盔甲将自己包裹起来。这样，只能够让人不敢接近你，给你安慰、支持与同情，最终自己只能是困在孤独痛苦和自己各种负面情绪组成的牢笼里。

试着去卸下层层自我保护的盔甲，试着展现自己的真实情绪，做一个真性情的人，试着去接受与拥抱他人的关爱，试着把负面情绪当作自己的朋友，微笑着勇敢地面对它们，生活就会少很多黑暗，多很多光亮，阳光自会暖暖地洒下来。

所谓的强势，就是“安全感的缺失”

生活中，还有一种人常常被负面情绪所困扰的人，就是有着极强“控制欲”者。他们外表强势，脾气火爆，看起来很难与人相处。因为他们在面对某一件事或者某一个人时，渴望拥有绝对的支配权，不允许意外或者是有其他差错，稍微违背其愿望或意图时，便会大发雷霆或者生闷气。一般来说，他们都有如下的表现：

1. 总会不断地给你提要求，认为你应该按照他的要求来；

2. 喜欢批评你，你这么做是对的，那么做是错的，你这么做是不合群，那么做是没特色；

3. 希望你能为他们的感受或情绪负责任，你经常会说“你这样做一点儿都不爱我!”“我不幸福不快乐都是因为你没做什么什么事。”“你没有怎么怎么着，我怎么能够开心呢?”

4. 自己没有错，错的都是你。在对错问题上特别擅长使用外归因，表现为自己的对错好像无须讨论，但你的对错特别重要，如果发生了不好的事情，一切都是别人的问题，而从不在自己身上找原因。

他们常说的话是：“我这样做是完全为你着想，你为何不理解我的苦心?”“如果你不按照我的要求去做的话，我们还是分开吧!”“你必须得这么去做，否则，我会伤心死的!”……这样的人总是一副受害者的面孔，施压者的心态。他们总是深切地期望着别人按照自己的意愿去行事或改变：期待让父母退让，期待使恋人妥协，期待朋友给予自己足够的包容，期待被无条件地满足……他们总是过分地关注自身的情绪，关注自己内心的诉求，对别人的处境和现状却有意无意地忽视。

最近小倩和男朋友正闹分手，这次是男友主动提出的，并且分手的态度很坚决，他觉得和她在一起真是太累了。两人初在一起还算投缘，女友黏人，你侬我侬。可时间一长，男友就有点慌乱，因为小倩真的太过强势了，总想去控制他：从睁眼到闭眼，不断地打电话，微信必须发定位，从吃饭、逃课、喝咖啡到轧马路，整天都要听她使唤；遇上她心情不好，就会朝他怒吼，拿他当出气筒……可每当她带着命令的语气提出要求，他皆以欠债般的歉意，去喂饱她不停许出愿望的嘴巴。到头来，从相爱到相厌，最终提出分手。

朋友劝小倩道：“爱情之外，相处之内，越想要控制，越是容易失去。”但小倩却丝毫不放在心里。其实，小倩自己也是有苦衷的，看着即将离开的男友，她便哭诉道：“我这个人，外表看上去很强势，内心却住着个胆怯的小孩，生怕不被人接纳或不被认可……”

实际上，控制欲强的人都有着小倩一样的苦恼。他们外表看起来强势，具有极强的“攻击性”，但实际上内心却住着一个胆怯的“小孩”，缺乏安全感，所以经常会与外界发生冲突，被负面情绪所控制。

从心理学的角度分析，一个人的“控制欲”往往源于早年成长环境中父母对自己的不接纳，或者遭遇的某一种创伤。比如父母自小总是看不起自己，总是认为自己不行，甚至经常表达失望、嫌弃的情感，那么小孩就会对自身的“弱小”“虚弱”“无能”的部分感到十分地恐惧，并且可能因为自小体验到大量的被指责“弱小”“虚弱”“无能”而在潜意识里压抑了太多痛苦和委屈的情绪。这些痛苦的情绪是如此地强烈，以至于当事人不敢将它放出来去直面它，从小采取了回避的方式不去面对这种情绪，也就没有发展出可以应对这些情绪的能力。甚至当事人会十分严重地否认自己人格中的这一面，不愿意去触碰自己弱小、脆弱、无助的部分，竭力地证明自己是个强大、有力、正确和高高在上的人，来防御自己潜意识里面的创伤。有的人不接纳自己的脆弱、弱小、不如别人的一面，有的可能接纳不了分离，有的人接纳不了犯错。在所有不接纳下面埋藏着的都是巨大的“恐惧”感：害怕自己被抛弃，害怕自己不被爱，害怕自己不够好。

控制欲过强者经常会采用“否认”的防御机制去回避自己的这些问题，但是，他们又经常体验到巨大的恐惧，就是我们通常所说的“安全感的缺失”。所以，他们就会像抓救命稻草一般抓住周围的环境，希望外界环境或者别人来让他们摆脱这种不安感：证明他们强大、有力、有魅力，绝对地正确来稳定自己的内心。所以，很多人也发现，一个控制欲强者的背后往往是安全感的丧失。所以，从根本上讲，一个控制狂要想极好地控制好自己的情绪，就要在意识到自身安全感丧失的同时，正确地接纳自己，接纳自己性格的“缺点”，然后和谐地与它们相处。

欲找回你的“强大”，必先接纳自己的软弱

生活中，常有这样一群人：别人的情绪一有波动，便觉得与自己有关，便会立即坐立不安；在公司或单位做错一件事或者完不成工作任务，感觉天要塌下来一样；同学聚会时看到别人炫耀，对比自己觉得不如别人，开始自卑；上学时接受不了考试失利，恋爱的时候接受不了被甩，上班的时候接受不了领导的批评和责怪；看着别人生活幸福，工作方面升职加薪，回望自己生活一贫如洗，工作停滞不前，便开始自暴自弃，自轻自贱，焦虑不安……这样的人表面上看似在追求完美，对自己要求甚高，实际上却是毫无自信，内心极为软弱的。他们内在缺乏自信心的支撑，常被情绪左右，毫无能力承担起自己的人生责任。

对于这样的人，要找回内心的“强大”，首先就要懂得接纳自己，接纳自己的软弱。一位作家曾说，一个真正成熟的人，内外是一致的。他们能够客观地认识自我，清醒地知道自己的优点和缺点，以及内心的软弱和恐惧。他们的内心是丰盈而充实的，有一套自我的评价系统，不会轻易去羡慕他人，更不会因为自己一时的受挫而一蹶不振。

叶青是个自卑的女孩，因为在小的时候，她身边的玩伴家庭条件都比她好，穿的、吃的和用的都比她好，零花钱也比她多，所以会常感到自卑。在小时候，她内心唯一的愿望就是希望父母的收入能高一点，好为自己提供超过玩伴们的资本。但是，直到她大学毕业，其家庭条件丝毫也没有改变，甚至比之前更为糟糕。而其周围玩伴们的条件却是越来越好。

工作后，叶青也有了自己的工资，便开始改变自己的生活条件，但是似乎与之前那些玩伴们的差距变得更大了。她每次回家看到原来的玩伴，才觉得自己的穿戴方面与他们的差距也是甚大。叶青觉得自己总像个追随者一般，永远跟在他们的后面跑，这让她心神不宁，很是郁闷，有时在夜深人静的时候她还会攻击自己、抱怨别人，觉得自己很是无能，生不逢时、命不好。

叶青直言，自己一直到32岁都没有过过一天快乐的日子。无处不在的对比，让她真的疲累至极。或许是这个问题存在太久了，这些负面情绪像慢性病一样侵蚀着他，偶尔像突发的急性病变让她感到痛苦不堪……她觉得自己要努力去解决掉这个问题。当时的她已经意识到，无论怎样自己都是无法改变别人的，唯一的就是要去改变自己。

叶青开始尝试着去接纳自己的能力：自己只是普通的员工，不可能在短时间内改变自己的生存状态，不可能从根本上摆脱贫困的状态；她开始接纳自己的出身，并且认识到自己的起跑线确实比不过别人的事实。她开始不再对过去因一直输给别人而自卑胆小的形象耿耿于怀，开始试着接纳自己的过去；开始接纳自己儿时的同伴们，开始接纳同学和同事，接纳他们的经济条件远远超过自己……

每次当她这样想的时候，顿觉周围的世界明亮了许多，她也看到了越来越清晰的自己。她的心神不在他人身上游离，开始慢慢地回归到自己身上，那是一种跟灵魂合二为一的感觉，她也顿感自己在慢慢地变得强大异常。

叶青的经历告诉我们，当我们开始接纳自己，找到自己，越来越能够全身心地投入工作和生活，这种全心投入的感觉让她的内在能量升发，使内心变得强大异常。

当你能够认清楚并且接纳自己的缺点和弱点，然后承认自己在某些方面确实不如别人，承认自己在某些方面“做不到”并不是可耻的行为，自此之后，你的内心便不会被现实的一切所动摇，不会因为他人“过得比你好”而心生嫉妒之心，亦不会因为他人的“嘲笑、讽刺”而耿耿于怀，你的内心是淡定而平和的，不会为外在的一切所动，那么，你的内心就自然变得异常强大了。

但凡被你接纳的，都会变得柔软

作家张德芬说过一句话：很多时候，我们感觉不好的时候，比如失恋和悲伤、低落、消沉，我们会一直想要从这个泥沼中挣扎着逃出来。所以，我们就借由很多的逃避策略不去面对它，而是去压抑它、否定它和排斥它，最终只会在负面情绪的泥潭里越陷越深。但是请记住“凡是你所抗拒的，都会持续”。因为当你抗拒某件事或者是某种情绪时，你的全身心就会聚焦在那种情绪或事件上面，这样你就赋予了它更多的能量，反而使它变得更为强大了。这种负面情绪就像黑暗一般，要驱散它，就要引进光亮。光出现了，黑暗自然就会消融，这是不变的定律。而喜悦则是消融负面情绪最好的光亮。当然，这里的喜悦并不等同于快乐，快乐是需要外在条件的，而喜悦则是心灵滋生出的一种正能量。“喜悦”的初步反应就是接纳，即接受你受负面情绪困扰的事实，然后发现它们存在的“珍贵”之处，再将它们变成自己人生的一种“宝贵”体验。当你慢慢地体验到这样一个过程时，你就会发现，原本使你厌恶和抗拒的、无比坚硬的坏情绪，竟然变成了一种“温柔”的体验，甚至可以去滋养你的生命。

晓琳是一家外企公司的总经理，虽然过着优渥的生活，却常与丈夫因为家庭琐事吵架而愁眉不展。丈夫每次回家都不主动换鞋，每天的臭袜子扔得到处都是，而且让她最反感的是，丈夫每天回家什么家务都不做，玩游戏到深夜。两人每次都为此吵架，她丝毫感受不到家庭的温馨，她每天都苦恼极了。

有一天，她向自己的密友诉苦，密友告诉她说，如果你真的想让丈夫改变，那就照着我说的话去做。每天晚上当丈夫在玩游戏的时候，你中途给他送一盘水果，他吃不吃不用管。你自己在10：30睡觉前给丈夫再送一次宵夜。别的你什么都不用说，也不用做，就由着他玩到深夜好了。同时，当你看到丈夫乱扔臭袜子、不讲卫生，在想发脾气的时候，你要拉住你内在“小孩儿”的手，并懂得自我安慰道：“你如果能保持镇定，丈夫会对你心存感激的。”你要不断地告诫自己：这件事本身没什么大不了的，你“小题大做”式的灾难性的争吵只会让双方的感情越来越糟糕，这样根本解决不了问题——你可以用清醒的安慰，让自己平静下来。你连续做一个月再说。

一个月后，晓琳再找到那位密友后，眼神变得温暖了许多，不像原来那么冷冰冰的。她倾诉了这一个月她自己所经历的：刚开始的时候她送的水果和宵夜丈夫根本不吃，有时候故意气她，自己饿了宁肯泡面吃也不吃自己做的宵夜，后来不记得从哪天起，晓琳竟然发现丈夫将她做的宵夜都吃了，睡觉时间比以前提早了一些。

接下来的一个月，晓琳再次按照密友的话去做了，她晚上下班回到家，告诉老公：你是我生命中最为重要的一部分，我很爱你，我愿意为你提供更为广阔的空间，让你成为你最想成为的自己，你喜欢玩游戏你就去玩，你喜欢干什么，就随着你的性子去干吧，但无论如何，我都爱你。以前我总是那么粗暴地对待你，真的对不起。

一周后，晓琳便打电话告诉自己的密友道：“她之前为之耿耿于怀的坏毛病，老公全都改了。每天晚上回到家里竟然还主动地下厨做饭和做家务……我和老公的关系似乎又回到了刚结婚的时候。”当时的晓琳看着老公，以前对他的所有怨气都烟消云散了，心想：就算老公天天玩计算机又有什么关系呢，至少他们的关系也融洽了起来，一块堵在心头的大石头终于放下了。

所有的人与事以及负面情绪都是如此，当你试着去接纳它的时候，它就会变得柔软起来；而你与其对抗的时候，它就会变得愈发地强硬。所以，在负面情绪到来的时候，我们应该像晓琳一样，一方面学着与自己内在的“小孩儿”对话，去温柔地对待它，与其达成和解。遇到与之对抗的人，首先学着去接纳，然后温柔地对待他，进而去谅解对方，最终达成与自我的和解。

被负面情绪所困扰，忧伤、痛苦、抑郁说来就来，很多时候我们无法抗拒。要消除它，最有效的方法就是臣服和接纳。臣服即放低自己的身价，以空杯的心态去面对它，接受一切。心理学家指出，每个人都有被爱的需求，当获得的爱不够，坏情绪便随之而来，这个时候你可以默默地对着心中的坏情绪说：我看到你了，你是我生命中的一部分，我接受你，接纳你，我愿意给你更为广阔的空间，谢谢你，我爱你。当你这样说时，坏情绪就会像个调皮的娃娃，被看见、理解和接纳，它便会变得柔软，进而慢慢地消失了。

欲要掌控情绪，必先接纳它们

政治家拿破仑说过，能够控制好自己情绪的人，比能拿下一座城池的将军更为伟大。可见，能够掌控情绪的人有多么强大的能量，当然，对生活中多数人来说，做一个能够控制自身情绪的人并非是件易事，但是掌控情绪也是有章可循的，有方法可依的。事实上，要真正地掌控情绪，首要的一点就是要懂得去接纳它，即接纳正面和负面情绪的产生，将它们看成是人的一种正常的心理反应，将它们看成自己生命中的一部分，试着以悦纳的心态去包容它们的存在，然后让它们慢慢地在你的生命中被消融掉，这样，你就不会因为强忍或委屈无法释放而使你陷入越来越糟糕的状态中。对此，江潇就有这样的感受，她曾这样向朋友讲过她的一段经历：

“在做杂志编辑的那几年，因为工作需要，经常要外出采访。有一段时间我采访的对象是社会的精英和创业成功的企业家。我担心采访的时候注意力会不够集中，影响稿件制作和自身形象，所以，每次都会在头一天晚上很早地计划早睡，希望在第二天能够以最好的精神状态面对采访对象。可是，每次都是以失败告终。或许是太想早睡，所以每当躺在床上的时候，总是忍不住想晚睡会让我第二天精神不佳，不停地期待能在 11 点之前睡着。可是，当我努力地想让自己睡着的时候，结果却是越睡不着。

尤其在当时焦虑的状态下，我每晚睡一分钟，我的担心就会增加一分。最后是越想越恼怒，直到晚上 11 点钟，彻底崩溃！第二天，在采访的时候经常会出现精神状态不佳，效率低下，极容易出错，为此，我常被领导批评，被采访对象嫌我不够专业。自尊心受到严重打击的我在地铁上暴哭，也正因为如此，我开始思考自己的睡眠问题。

直到一天晚上，我试着早睡，我想到以前经常用的祷告，一开始试着接纳自己，试着接纳因为第二天采访头一天晚上可能会失眠的事实，不再期待让自己11点之前睡着。于是我便放下失眠，接受自己每次面对越想睡觉越睡不着问题的无能为力。然后静下心来，对自己的‘内在焦虑的小孩儿’说：‘你是如此可爱，可是此时我是如此想睡觉，还是让我睡着吧！’于是，我的身心便慢慢地开始放松下来了，很快便睡着了。几乎每次遇到难以入睡的问题的时候，我都是用这种方法，屡试不爽！接纳自己不容易入睡的问题，进而让自己在完全放松的情况下，自然地睡着。”

臣服和接纳意味着融合，使其与你的生命合一。从这个状态中所产生的行动是最有力量的，它可以改变你周遭的世界！当一个人开始接纳的时候，内在的积极能量便会被唤醒，进而在其积极能量的引导下，你就会柔和地去对待你的“内在小孩儿”，然后，你的行为和所有的意识都会融入一体，人就会在完全放松的状态下，达到你想达到的状态。

所以，当你遭遇情绪问题时，千万不要试图去摆脱它，更不要去抗拒和否认，但凡被你抗拒、否认和摆脱的，你都无法控制。而是要试着去接纳，承认事、人或物的原样，不做任何否定的审判，接纳之后才能好好地控制它。

别用脸上的“假装”，掩饰内心的不快

在生活中，还有一种压抑自身情绪的方法：总用脸上的“假装”，去掩饰内心的焦虑。明明内心很讨厌社交，却为了维系关系不得不假装“愉悦”；遇到伤神的事，因为明白对别人乱发脾气的后果，怕付出代价，于是假装“高兴”；想向他人倾吐心声，怕别人说自己“负能量”，而假装“云淡风轻”；内心充满了郁闷，害怕说出来会让家人、朋友担心，于是自己扛下一切………在他们眼中，所谓的掌控情绪就是用脸上的“假装”去掩饰内心的负面情绪。不可否认，遇人不随意释放和发泄自己的负面情绪，的确是赢得他人好感和欢迎的处世法则。

张彤在陪母亲与病魔抗争了一年多后，母亲还是离开了她，在经历了人生的重大变故后，她收拾好自己，整理好情绪，就去上班了。身为部门主管的她，依然像往常一样对周围的同事展露笑容，并且不遗余力地对周围有困难的同事给予悉心的指导和帮助。很多同事说，看到你恢复的这么快，真不错。

表面上看起来，张彤似乎已经回到生活的正轨，但内心的悲伤却被她隐藏了起来，她的内心很多时候都有一个声音在说，自己并没有看起来那么快乐。朋友开导她，让她尽快将内心的悲伤找个发泄的出口，她却故作坚强地说：“她早已学会将自己的悲伤和不快调成了静音！”但是，最近的她觉得自己似乎透支了一般，感到身心俱疲，在一次会议后，她竟然一个人在办公室大哭了起来。不过不久之后，她那颗不堪一击的灵魂，在短暂的释放后，又被重新塞进皮囊。留给外人的，仍然是那张永远有着向上弧度表情的脸。

没人知道她经历过怎样的崩溃，没有人知道她过得有多累，没有人知道其实她并不像看起来那般快乐……

的确，生活中大多数的我们都曾有过张彤的经历，在假装中“快乐着”。对于看不惯的人，心里哪怕是压着火，你也不对他发飙；总是逃避需要与同事或部门深度沟通才能完成的事；找你帮忙的人，总是理直气壮，却好像从来不懂感恩，你内心尽管很窝火，但也只是“笑脸相待”；你找别人帮忙，总是觉得欠人人情，一定找机会回报对方，于是总是惴惴不安；你总是看重别人对你的评价，总是默默忍受，默默承担，内心苦不堪言，但又不懂得如何宣泄……要知道，“假装式”的掩饰根本无法真正抑制你内心的各种情绪的滋生，无法让我们真正地“看淡”“看开”，不悦和悲愤只会不断地郁积在心底，将自己折磨得痛苦不堪。实际上，如果不愿被人看到你内心的不快、悲伤、焦虑等负面情绪，可以找一张白纸，定下自己内心的真实感受，将那些委屈、不快统统写出来，念出来，就会感到轻松多了，这样也意味着你完成了一次心灵的排毒。或者，你可以暂时抛开那些顾虑，抛开别人的看法，抛开生活的压力，给自己一次释放的机会，给自己的心灵适当放个假，卸下“假装”的面具，当你能直面内心真正的感受，勇敢地说出“我不快乐”的时候，那你距快乐更近了一步。

一位妇女经常做噩梦，她梦见海里的巨浪向她扑来，她被卷进旋涡，但是周围的人都无动于衷。她吓得目瞪口呆，总是连“救命”两字都无力喊出来。当她彻底要被海水吞没时，她看见丈夫在不远处微笑着……

一位对她进行治疗的心理专家通过调查得知：这位妇女近来老是跟丈夫吵架，由于她的工作和家务负担极重，常常感觉疲惫和无缘无故的在心头生起一股无名火。但是她又不愿向周围的人求救，包括自己的丈夫。梦境中的险恶场面其实正是她生活中困境的写照。心理学家告诉她应该摆脱生活中紧张感和压抑感，噩梦才会与之告别。

所以，在现实生活中，我们虽应该适当压抑一些不良情绪如生气、发怒、嫉妒等，但最重要的是适当的宣泄自己的不良情绪。如向他人倾诉，大家肯定会有这样的体验，找知心朋友谈谈，倾吐内心的一切苦衷，把郁积在胸中的憋闷发泄出来以后，就会觉得如释重负，心头轻松了不少。倾听就像一位心理按摩医生，给倾诉者进行心理上的治疗，精神上得到放松，从而获得身心健康。

如果由于外部环境和一些原因没有对象可倾诉，或者难以说出口，也不要憋在心底独自难受。可以找另一种方式，比如写日记、跟陌生人聊天、唱歌等缓解压力，改善情绪。

我们一定要知道压抑自己的情绪其实是最愚蠢的做法，聪明的人会在高兴时就尽情地释放，悲伤时就找人倾诉或找到适合自己的一套宣泄方式。当然记住任何事情过犹不及，恰到好处最重要。

第二章

与情绪对抗，你会永远是输家

——强大不是因为战胜了自己，而是接纳了自己

在生活中，我们可能都有这样的经历：“你抗拒疼痛，所以疼痛会加剧；越是抗拒失眠，我们越是会彻夜不眠；你抗拒焦虑，进而让周围的一切都变成了恐怖焦虑的事情；你抗拒婚姻中的冲突，进而让婚姻变得无法弥补，最终劳燕分飞……可是，当你慢慢地“接受”这些伤痛、失眠、焦虑、冲突时，顺其自然，这些所有由情绪带来的问题便迎刃而解。所以，“欲想掌控，必先去接纳”便成了平衡自我情绪的一个“法宝”。

与情绪对抗，尤其是与负面情绪对抗的结果就是，你只会成为情绪的奴隶，任由它摆布。所以，真正的情商高手，都懂得接纳。要知道，当你能够对周围的一切，包括自己持接纳的状态相处时，你就会发现自己“百毒不侵”，内心则也会是异常强大的。

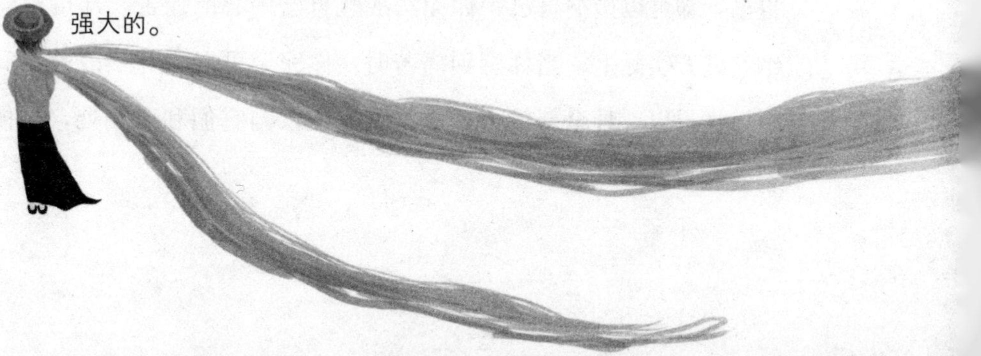

“战胜自我”本身是一个谎言

自小我们就被人教育要“战胜自我”，觉得能战胜他人的人是有力量的，能够战胜自我的人更是真正的强者。为此，我们很多人在遇到困难、痛苦或挫折时，会不断地自我折磨，与内心的痛苦、挫折进行“较量”和“对抗”，最终也只是在焦虑和痛苦中越陷越深，只能在迷惘中用“时间”这副良药来疗伤。

或许，你在“战胜自我”的过程中，做出的最为典型的行为便是羞愧自责：“我究竟是怎么了?”“为何总被焦虑所缠绕?”“为何霉运总是围绕着我?”“为这点小事便去生气，自己该有多怂?”……我们在不断地责备自我来寻求解脱，其实，这个过程实际上是在“作茧自缚”，是在用他人的错误惩罚自己。面对伤痛，我们似乎选择了全力去抗拒，而不是让自己停下来暂时平静一下。

我们一心与焦虑、恐惧、忧伤等负面情绪来对抗。但是无论我们如何努力对抗，它还是一直如影随形地跟随着我们。痛苦的感觉总是能准时找上门来。于是，“战胜自我”便成了一个谎言。

实际上，任凭你是谁，都无法去真正地“战胜自己”。与自己为敌，你注定会陷入无边的苦海中无法自拔。那么，如若无法对抗，那就学着去接纳吧。如若你战胜不了对方，就请先加入他们。同时，你无法战胜自己，却可以接纳自己；你无法战胜自己内心的痛苦，却可以学着去接纳它们。实际上，当你感到痛苦时，你完全可以摒弃“战胜自我”的念头，懂得以一种全新的方式去接纳它们，与它们和谐相处，这便是“与自我和解”。

所谓的“与自我和解”具体是指尽量敞开自己的心灵，清醒地去接纳自己所遭受的痛苦，并对自己施与理解和关怀。即指用关怀他人的方式来善待自我。如果你在孤独悲伤时一向喜欢不断地打击自己，如果你在犯错后总是想逃离世界，或者一直沉浸在“悔不当初”的幻想中，这时“与自我和解”便是能让你获得解救的唯一方法。

晓蕾是职场中的精英人士，她对自己有着极为严格的要求，力求让自己做到尽善尽美。无论接到什么样的工作任务，她都会期望自己能做得更好、更完美。在准备一个培训或者演讲内容之前，她总会因为担心自己做的不够好而心存焦虑，等到真的完成了，又会感到如释重负。什么事情是对的，什么又是错的，对于她来说极为重要，她更期待自己或者事情可以向对的方向发展，往一个更好的标准前进。她极少允许自己犯错，哪怕只是迟到几分钟，如若犯了错，她便会不停地责怪自己，让自己陷入深深的焦虑和悔恨中。

在同事中，她也被戏称为“拼命三娘”，因为她几乎没有请过病假。对于身体的管理，她也是力求完美，每周坚持进行一定强度的锻炼，比如跑跑步，游游泳什么的，因为这样对身体较好。本该认为是极为强健的身体，却在一次单位体检中被查出患了“乳腺癌”。这个消息对于她来说无疑是个晴天霹雳，好似之前自己所认为的对的事情，又被重新打上了问号。躺在术后的病床上，她第一次开始回顾自己，觉得自己太不懂得“善待自己”了。

自此之后，她开始学着改变自己：她不再强迫自己与自己较劲儿了，不再强迫自己“挑战自我”了。当生活中的痛苦袭来的时候，她会选择接纳它，然后去痛哭一场。在自己开心的时候，她允许自己哈哈大笑，在自己做错事的时候，她不再自责，只会淡然一笑，小声说自己“真是个小笨蛋!”……这样活着，她感到自己变得轻松多了，自己脸上紧绷的肌肉也开始慢慢舒展开来！

在现实中，当周围的亲人或朋友在遭受痛苦时，你总能够给予关怀和温暖，而当我们自己身处困境时，你又有何理由不给自己同样的关怀和善待呢？要知道，当得到他人的谅解，我们会显得极为弱小，而当获得自我的谅解，你就会变得异常强大，因为那个时候，便没有什么负面情绪能够困扰到你了。

与自我和解能让我们变得强大，是因为直接与情绪伤痛进行抗争，我们无疑会深陷其中。在抗争的过程中，痛苦的情绪会变得极具破坏力，它能够击溃我们的理性的思维、健康的身体。感情被困住了，冻结在时间里，而我们则被困在了感情里。因此，如果我们与自己内心的痛苦进行对抗，一切都会变得更为糟糕：人际关系中我们一直渴望的快乐便会因此而消失，工作中的成就感会跑到我们够不到的地方。我们疲惫不堪地熬过每一天，与隐藏在身体和心灵中的“负面情绪”争吵不休，那你无论如何也难以尝到幸福的滋味。

这世上除了你自己，真的没人能伤到你

在多数人的观念中，自己的负面情绪，比如痛苦、焦虑、愤怒、纠结等都是因为外界糟糕的环境或别人的不当行为造成的。比如与人争吵后愤怒，觉得自己的不良情绪都是对方带来的；工作中遇到不公，感到气愤难耐，觉得这是公司不健全的制度或者不健康的竞争环境造成的；孩子不听话，为此感到郁郁不快，觉得这是孩子带给你的……实际上，你为此感到的所有不快乐，都是我们内心滋生的一种感受。你若对外界的一切都置若罔闻，不予以理睬，它们就不会作用你的内心。换句话说，

这个世界上，除了你自己，没有人能够伤到你。

艾布尔是纽约一家保险公司的业务员，事业上春风得意的他，对自己的婚姻却十分不满。尤其是近一年多的时间里，艾布尔感到妻子艾伦脾气越来越恶劣，而且一天比一天不性感；不只对他表现出冷淡的态度，而且对他们的儿子也漠不关心。艾布尔看她每天都郁郁寡欢的，建议她去看心理医生，却遭到了她的拒绝。她坚持认为只要丈夫艾布尔能对她好一点儿，满足她的各种需求，她就不会这么沮丧和愤怒。事实上，艾布尔对她已经做得够多，但妻子似乎对他还不满意。他决定不再忍受妻子的蛮横，并且坚持地认为妻子是家庭不和谐的根源之一，并要求与妻子离婚！

是谁导致了艾布尔婚姻的不幸？是他的妻子吗？显然不是。在情绪产生的问题上，虽然外因很多时候是不良情绪的诱发者，但心理学却不这么认为。无论别人的态度与行为如何，自己的情绪，皆因自己而起，自己才是自身情绪与不幸的根源。从艾布尔的事例上来说，妻子的确要为他的愤怒、沮丧负责任，但他却不能将问题的根源归咎于她。身为丈夫，他不能要求对方一定要按照自己的意愿去行事，对方有权支配自己的情绪，使自己对他人表现出冷漠。如果艾布尔这样去分析问题，便会说服自己放弃愤怒与沮丧，在心平气和的状态下积极寻求解决问题的途径。

自身情绪障碍是由自身的思维、信念所引起的，没有人使你不快乐，除非你自己愿意。所以，自己才是自身情绪的制造者。但与此同时，自己也是自身情绪的主宰者，你具有调节自身情绪、避免陷入不必要的情绪困扰、掌控与运用自身情绪的能力，这种能力叫作情商。一个高情商者，可以清楚地体察到自己的情绪，并懂得适时控制或调节，同时也能体察到他人的情绪，进而采取相应的应对方式，从而与他们维护良好的人际关系。这样的人，是自我的主人，能主宰和支配自己的情绪，不会随意因外在的事与物而使情绪失控。

一天，老子经过一个村庄，村庄里突然跑出来一群人想让他留下来。老子说："谢谢你们的邀请，不过我已与对面村庄的人约好了，他们现在正在等我，我现在必须赶过去。不过，等明天回来后我会到此地来拜访的。"

见老子不领情，人群中突然出来几个小人，口吐污秽之语。而老子听罢，依然不动声色地向前赶路。其中一个人说："我们苦苦挽留，你却不应声。我们又将你贬得一无是处，你为何不动怒呢？"

老子说："对于你们的行为，若放在十年前，我一定会愤怒、生气，可如今我内心平静如水，已经完全不会被外在的任何事与物所控制，我完全是自己的主人。所以，无论外界发生什么，我都不会跟随他人去做出什么反应！"

老子不为外在任何的物与事所困扰、左右，所以在任何时候，他的世界都是一片安宁的。也就是说，当外界的不公、嘲笑、讽刺甚至是谩骂等一切都左右不了你的心时，那你的世界就会是平和、平静的，那时的你也会是无敌的。

心理学中认为，外界的事与物只有经过你内心的"作用"，能真正地左右自己情绪的是你。也就是说，外界无论发生什么，若根本走不进你的内心，那么也就无法真正左右你了。由此可得出这样的结论：无论在任何时候，愉悦的根基在自己身上，这个世界上，除了你自己没有人或事能使你不快乐。所以，在生活中，当我们遇到烦恼时，与其去抱怨环境、埋怨他人，不如去审视自己的内心，调整自我的状态，学着与自己和解。比如，你不妨去看一场电影，不妨去听一段音乐，不妨去唱一支歌曲，不妨去打一个电话，不妨去享受一下阳光……让烦心事见鬼去吧！

要知道，为他人他事生气，是一种惩罚自己的行为。

另外，生活中，我们也不要将人生的愉悦寄托在外界的事物上，依附于世俗的认同上，百般地看中地位、财产，以及待遇、名誉等东西，若如此，你一旦失去这些，便会沉浸于痛苦中，其幸福与快乐的根基也随之被毁灭。

真正折磨你的不是苦难，而是由苦难产生的怨恨

诗人艾伦·金斯伯格说过这样一句话：苦难本身并不可怕，而由苦难产生的怨恨才是真的可怕。实际上，在生活中我们之所以会深陷负面情绪中无法自拔，很多时候并不是因为外界的人、事或事实上的苦难，而是由苦难产生的怨恨，它们才是折磨人心的根源。

在现实中，我们可能有过这样的体验：同样一个生存环境，不同的人会有不同的感受，或者在同一环境中生活，有人在不同时段也会有不同的感受，这主要是由于人不同的心态造成的。也就是说，我们内心的状态，决定了自己周遭世界的样子。

莫妮卡是美国一位军人的妻子，神色极为憔悴的她，最近总被烦恼和痛苦所缠绕，当下的生活对于她来说，莫不是一种煎熬。因为她随着丈夫从军，而丈夫的部队就驻扎在沙漠地带，住的是铁皮房，而且与周围的印第安人、墨西哥人语言也不通；当地的气温高达 45 摄氏度以上，丈夫奉命上前线了，周围除了了无生趣生长着的仙人掌外，再无任何东西。孤独、郁闷每天都光顾于她，使她愁眉不展，度日如年，其内心的痛苦无以言表。

无奈之下，她便给父亲写信，希望回家去。她打开期盼了许久的来

信，信的内容让她大失所望。父亲没有安慰自己，也没有让她回家，信中只写了一行简短的字："两个人同时从监狱的窗户向外看，一个看到的是泥土，而另一个看到的却是星星。"

她开始失望至极，还有几分的生气。后来，她终于从父亲的一行字中找到了自己的问题：她过去总是会习惯性地低头看，结果只是看到了泥土。但自己为何不学着抬头看呢？抬头看，就能看到天上的星星！而我们生活中一定不只是泥土，一定会有星星！自己为何不抬头向上寻找星星，去欣赏星星，去享受星星带给自己的灿烂的美好呢？

她终于想开了，也开始那么去做了。从此之后，她开始主动与周围的印第安人、墨西哥人交朋友，结果使她惊喜万分，因为她发现他们都是如此地好客和热情，慢慢地就成了好朋友，还送给她许多珍贵的陶器与纺织品用作礼物，她开始研究沙漠中的仙人掌，一边研究，一边做笔记，没想到那些仙人掌是如此地千姿百态，那样的令人着迷。在如此残酷的条件下，仙人掌竟然能够茁壮地成长，这种精神使她动容。她开始欣赏沙漠的日出日落，感受沙漠的海市蜃楼，享受着新生活给她带来的一切。令人惊讶地是，她开始仰头看星星，感受星空的灿烂。随即，她发现自己生活中的一切都改变了，变得使她每一天都仿佛沐浴在春光之中，每天都仿佛置身于欢笑之中。后来，她回到美国，根据自己的心理演变历程，写了一本书叫作《快乐的城堡》，引起了极大的触动。

其实，莫妮卡周围生存的环境没有改变：沙漠、铁皮房、印第安人、墨西哥人、仙人掌，以及头顶的星空，都是原来的样子，但其前后的行为与心情却发生了极大的改变，就是因为她内心的状态变好了：过去她总是习惯地选择看泥土，选择看事物消极的一面。而后来她则习惯性地找星星，选择事物积极的一面。这个故事也说明，真正折磨人心的并不是外界的苦难，而是由苦难产生的消极情绪。而消极情绪产生的根源恰恰是我们的内心，也就是说，很多时候，你内心的状态，决定了你世界的样子。你若内心善良，就会觉得这个世界上好人占多数；你空虚，就会专门挑别人的缺点来对比自己的优点，从而从中找寻优越感；你嫉妒，就会希望你所关注的那个人处处不如你，这样，你才能找到安慰；你羡慕，就会去努力改变自己，会想去成为跟对方同样优秀的人……所以，当你觉得自己的生活一团糟的时候，与其去从外界寻求慰藉，不如去审视自己的内心，调节内心的状态。

凡事都有迹可循，你内心积压的负面情绪越来越多，眼前的生活越是阴霾，如尘烟遮眼，无法看出世事的真面目，于是也就只能在痛苦和烦恼中挣扎，与自己过不去。

你内心的状态直通你的眼睛，直接决定你对周围世事的态度和看法。你若颓废消极，周围的世界也会凌乱不堪；你若积极乐观，你周围的一切也会呈现出蓬勃向上的活力。心决定一切！当心情放松的时候，你身体内的每一条气脉、每一个生理反应自然就会和谐。对于那些内心强大者来说，一切都影响不了他们，他们完全可以掌控自我的情绪和生存状态。可生活中，有太多的人不明白这个道理，他们总将所有的一切都寄托在对外在物欲的追求上，觉得这些是人生快乐之源，而从未去观察过自己内心的状态。他们为了获得更多，任由欲望疯涨，致使委屈了自己的内心。幸福快乐是人生追求的终极目标，而为了满足外在的物欲而委屈了自己的内心，实在是本末倒置的愚蠢做法。

获得幸福的前提是：能够接纳不幸

哈佛大学最受欢迎的教授泰勒·本—沙哈尔博士指出，幸福感是衡量人生的唯一标准，是所有目标中的终极目标。他认为，人们在衡量商业成就时，标准就是物质财富。而人生其实与商业一样，有盈利和亏损。如果我们将“负面情绪”当作支出，将正面情绪当作收入，当正面情绪多于负面情绪时，人们在幸福这一“至高财富”上便盈利了。而人们如果被长期的抑郁、焦虑等负面情绪控制时，便是“情感破产”。如果个体问题不断地增长，焦虑和压力问题便接踵而至，那么，人生将走向“大萧条”。

由此也可以看出，一个人是否能获得幸福，与“正负情绪”的多少是密切相关的。所以，要使你的人生不出现“情感破产”，就要懂得处理你的“负面情绪”。而处理负面情绪的最佳办法就是“接纳它”，不与它对抗。

最近柳青陷入了一种痛苦中……她很喜欢一个男生，也认认真真地想要和对方一直在一起，在心底无数次地幻想过与对方的美好未来。但在毫无预兆的情况下，男生向她提出了分手的要求。

柳青不知道自己哪里出了错，也不知道自己做错了什么，怎么昨天还对自己甜言蜜语的人，今天便冷漠地说走便走。

对于这段感情，她投入了许多，几乎用尽一切心思，付出所有去对他好。

她说，那段时间，她不停地自我怀疑，怀疑自己，怀疑爱情，怀疑世界，为什么那么认真地付出却得不到回报？在负面情绪的泥潭中无法自拔。

后来，在哭过之后，她开始学着去接纳人生的这场“劫难”。她将它看成是人生的一场美丽而错误的遗憾，并且极力去感受和抚摸内心的痛苦，并让它成为自己生命的一部分。一个月后，她每当与人谈及此事，便会笑着说道：“原来被人甩是这样一种滋味……成全别人，也成全自己，放下即是得到，所以，我不会再执着于当时的人和事了！”

当一个人开始接纳痛苦或挫折的时候，这些痛苦或挫折便会化为你生命中的“营养”，可以滋养你的人生。同时，一个懂得接纳痛苦的人，能够体会痛苦袭来时内心那种微妙的感受，让生命的每一刻都充实丰满。

的确，处理“负面情绪”的最好办法就是接纳，而非排斥。由此也可以类推出，你若要与他人和谐相处，首先要接纳对方的缺点，无论友情也好，婚姻也罢。

美国著名心理学家古德曼和他在华盛顿大学的同事们跟踪了 650 对夫妇，来研究能够使婚姻成功的因素。他宣称自己能够以 91％的精准率，预测哪对夫妇将会走向离婚。他们是那些互相之间总是充满责备、争吵、轻视以及阻碍的家庭。古德曼还观察到，婚姻中 69％的纠纷永远得不到解决，尤其是关于核心的个性问题和价值观的分歧。虽然夫妻之间不可能解决他们大部分的个人差异，但成功的夫妇则能够学会以某种方式接受它们。幸福的夫妻“能够深入地了解对方，而且对对方的一切都非常地熟悉——喜好、厌恶、个性上的怪癖、希望以及梦想”。

心理学家雅各布发明了一套基于“接受”的夫妻关系疗法：夫妻综合疗法。这种方法利用行为疗法来处理那些可以改变的问题，利用“接受”来解决那些不可改变的问题。其中，“接受”就是为了使夫妻关系更加亲密而接纳彼此存在的问题，并放弃改变对方的打算。他们发现：通过接受彼此的差异，有三分之二的夫妻摆脱了长期的困扰，获得了幸福的婚姻。

与消极情绪“对话”，并试着与它和解

我的生活状态很多时候都受自身情绪的掌控。所谓的情绪既是人的一种主观的感受，又是客观的生理反应，具有目的性，也是一种对社会的表达。情绪的产生是多元的、复杂的综合事件。情绪构成理论认为，在情绪发生的时候，有五个基本元素必须在短时间内协调、同步地进行。

1. 认知评估：当外界发生或出现某事（某人），认知系统自动评估这件事的感情色彩，因而触发情绪的产生（如，看到熟悉的某人去世了，人的认知系统会自动评估这件事对自身产生的意义）。

2. 身体反应：身体自动反应是情绪的生理构成（如：意识到死亡无力挽回时，人的神经系统觉醒度降低，全身乏力，心跳频率变慢）。

3. 感受：人们体验到的主观感情（如：对于某人死亡，人的身体和心理产生一系列反应，主观意识察觉到这些变化，把这些反应统称为“悲伤”）。

4. 表达：情绪通过面部和声音变化来表现出来，向周围人传达出自己对这一事件的看法和行动意向（如，悲伤时会哭泣、紧皱眉头）。当然，表达方式有共同处，也有独有的方式。

5. 行动的倾向：情绪会产生的动机（如悲伤时会找人倾诉，愤怒时会吵架等）。

由此可知，情绪是由外部环境刺激到人本身后而产生的一系列的生理与心理的变化。在现实生活中，我们经常会顺嘴说“这段时间情绪很坏或很好”，事实上，情绪并无好坏之分，情绪本身也没有正负之分，但是情绪引发的行为则有好坏之分，情绪所引起的影响有好坏之分。也就

是说，情绪具有两面性，一方面表现为肯定的和否定的对立性质，如满意和不满意、喜悦和悲伤、爱和憎等；一方面则表现为积极的和消极的，即积极情绪与消极情绪。这也说明，消极情绪和积极情绪一样，都是我们对外界所产生感应的正常的一面，当它来临时，我们不要一味地排斥、摒弃它，而是学着去接纳它，并学着与它和解，这样才不至于使它们对我们造成负面的影响。比如你要求孩子在家做作业，而没一会儿，他就趁你不注意开始玩起游戏来。你无意中看到这一幕，顿时暴跳如雷，想过去呵斥一番。依心理学的角度分析，当一个人想要发怒时，你的另一个“自己”就会从你的身体中抽离出来，促使你去对孩子发怒。这时的你，就要学着与那一个“自己”去和解，告诉它：“这样做并不能使问题得到解决呀！对孩子发怒，可能会使孩子干脆放弃学习呢！”然后再与它握手言和，达成一致的意见：与其发怒，不如学着去开导他。如此这样，你的怒气就会得以消除，然后还会认真地与孩子进行沟通，引导他主动投入到学习中去。

其实，坏情绪并不是我们的敌人，我们要学着友善地对待它，并与它和谐地相处，这样才不至于被它所掌控，做出不理智的行为。

朱晓是一家培训公司的网站编辑，每天的工作内容就是写稿发稿，最近的她总觉得工作异常枯燥，整个人心情都郁郁寡欢的，很不开心。于是便让学心理学的朋友刘清前来开导她。

刘清看着一脸愁苦的朱晓，对她说：“请在本子上写下目前使你不开心的事情，或者使你产生负面情绪的事。”朱晓照做，十分认真地罗列了自己最近的烦恼：1. 工作乏味、枯燥，丝毫提不起兴趣。2. 感觉自己的生活过得寡淡，找不到生活的意义。她觉得这些烦恼不是靠她个人的力量就能够解决掉的。接下来，刘清又问她说：“如果这些不好的情绪是你的朋友，你将会如何与它们对话呢？”朱晓说会以反抗或抗拒的态度对待它们，比如会假装让自己愉快起来，将这种不好的情绪压制下去。

刘清默不作声，只是微笑着让朱晓去思考另一个问题：“这些情绪或者烦恼，对于你来说，有何意义呢?”朱晓想了一会儿说道：“生命中的每个过程，包括所有的烦恼过后，都会让我得到历练，给我心灵以力量。”刘清点点头，说道：“坏情绪本是我们生活的一部分，它就像感冒一样，时不时地会来打扰我们。我们若以压制或对抗的方法来对待它，它一定会在某一时刻进行反弹，给我们带来不可估量的伤害。而如若与它好好相处，以和善的态度去对待它，我们就不会痛苦了。当然了，一个人要想与自身的坏情绪好好相处，最先要了解它所带给我们的积极的一面，比如你觉得工作枯燥、乏味，但正是你在这种枯燥、乏味中的坚持，让你变得更有忍耐力。比如你觉得生活寡淡，无意义，正是因为这样的感觉，才让你能体味到因生活的变化而带来的幸福和快乐感，正是它们的存在，会让日后的你过得更有趣和幸福。学着去拥抱此时郁闷的自己吧，它会让你今后的脚步更有力量，提醒未来的自己更幸福！“

很多人在坏情绪来临时，都会像朱晓一样，想尽各种办法与其进行对抗。比如，在心中认为这样的自己很可恶，很丑陋，尽力地在外人面前保持自己的风度，尽量克制自己不发脾气，殊不知，这样刻意地压制，只会使自己内在崩溃，终有一天，它会找个缘由爆发出来，给自己带来更为可怕的后果。与其如此，不如学着去接纳它，承认坏情绪是我们生命不可分割的一部分，并找出它所带给我们的积极意义，然后以友善的态度去对待它，如此我们便可以安然平静地度过充满烦恼、痛苦的日子，进而慢慢地让自己变得强大起来。

所谓“接纳”，不是让你无原则地退让

我们说，化解负面情绪的最好做法便是接纳。但是，所谓的接纳，并不是让你去容忍他人错误的行为，进而来折磨自己，而是让你在情感上对内心此时此刻正在发生的事情完全地敞开。如果你的婚姻正处于艰难的时刻，接受并不是要你对整个痛苦的婚姻说“好”，而恰恰相反，它的意思是让你去承认自己正在遭受的痛苦。无论在婚姻中，还是在饮食习惯上，抑或是在工作上，当你意识到自己眼下的境况有多么地糟糕时，学着接纳这种糟糕的境遇，然后毅色地改变自己的心态。值得注意的是，接受是在自我觉醒的基础上进行的。当然，所谓的自我觉醒，就是意识到自己正被怎样的负面情绪所困扰，然后想着去寻求方法，积极地给予改变。所以，“接纳”并不意味着逆来顺受，停滞不前，而是让情绪以动态的方式在体内自由流淌。

但是，我们需要搞清楚自己接受的是什么。如果自我没有觉醒，我们会在接受中容纳多余的东西，就像是投票选举一位我们知之甚少的候选人。盲目地接受还可能会滑进情绪化的境地：用糖衣来掩饰现实。这些都不是真正地接受，而且最终只会招致更多的痛苦。所谓的“接纳”指的是，有意识地去体验我们最真实的感受、情绪和想法，然后尽情地拥抱它，让它自由地在体内流淌。

在《银魂》这部电影中，有一句经典的台词：“有时候我们明明原谅了那个人，却无法真正地快乐起来。那是因为，你忘记了原谅自己。”而张墨的经历便很好地诠释了这句话。

在自己17岁那年，张墨因为家庭的因素，致使自己非常叛逆，也经

常自暴自弃。她跟当地的小混混厮混在一起，开始了她的初恋，她爱得很深，但是不久换来的是男友的背叛。那段日子，家人也对张墨失去了信心，万念俱灰的她在 18 岁那年留学出走，独自一人在社会中闯荡一年多。尽管后来，张墨回归家庭，也选择重新就读。

可是她一直不快乐，她没有办法接纳自己的 17 岁，无法接纳那些耻辱感和伤痛。直到 24 岁那年，她遇到了她的第二任男友，那是个极为温和的男孩儿。他对她说："你想从那段不好的时光里走出来，一定要先学会原谅和接纳你自己。"也就是从男友那里，张墨学会了一件事：爱自己的力量无穷大，而爱自己最佳的表现方式便是接纳自己。

每一天，张墨都会静思冥想，回想那段时间自己所经历的一切，让自己重新去回味当时所受到的伤痛。正是在这冥想中，张墨每一次都能体味到自己所受到的攻击都变得极为缓和，好像尖牙锐角被切除了一般，她慢慢地拥抱它们……就这样，经过一段时间的"心灵疗愈"，张墨慢慢地从之前的伤痛中走出来。此时的她已经明白每个人的一生都要经历许多，一味的打击只会使自己重复过去，只要懂得谅解他人，才能使自己得以解脱。

所谓的"接纳"，并不是让你一味地退让，接纳的核心是了解和爱，用心去包容负面情绪的存在，使你的内心世界彻底变得温润一些。真正的"接纳"，就是关照自己的内心。

当然了，通过要关照自己的内心，化解内在的情绪也是有具体的操作方法的，为此，你可以依以下步骤去做：

找一个安静的地方，舒服地坐下，闭上双眼，去注意在自己身体中的是怎样的感觉。当身体中的感觉来来往往的时候，去跟随它们，不要去注意其中特定的一种。如果是让人愉悦的一种，就去感受它，并且让它自然地离去。如果是让人不快的一种，同样地去感受它，并且任其离去。除此之外，会不会感觉到你手中热量、座椅传来的压力感，还有前额的一点麻痒？去关注这些感觉，就像母亲注视着自己新生宝宝一般，慢慢体味其中的感觉。你只需要去关注一波接一波浮现的任何一种感觉。然后再放轻松，慢慢地来。在 5 分钟之后，你便可以轻轻地睁开眼睛，你便完成了一次心灵之旅。

你所真正恐惧的，只是恐惧本身

在《论语心得》中，于丹教授曾讲过这样一个故事：

一个教授做心理学试验，他挑选了 10 个心理素质特别强的学生，让学生跟他走过一个充满危险的黑屋子。他要求学生一定要小心翼翼地跟牢他。10 位学生跟着他，虽然伸手不见五指，但脚底下挺平坦的没什么，都很顺利地走到头了。

这时候教授打开了墙上的一盏灯，大家回头一看，吓得面无人色，原来他们刚刚走过的，是一条窄窄的独木桥，独木桥下是一个巨大的鳄鱼池，十几个大张着嘴的鳄鱼游来游去。

教授又说，灯已经开了，你们再回去吧？谁有这个胆吗？没有学生愿意回去，最后经过劝说，好歹有 3 个哆嗦着过去了，剩下那 7 个不肯过去。

教授接着又开了几个灯，灯火通明之下，大家一看，在独木桥和鳄鱼之间还有一层密密的浅颜色的防护网，这样又有 5 个人过去了，最后两个学生说，打死也不过去。

在上述试验中，独木桥下面的设置一直没变，而学生在不知道真相的情况下，却能坦然过桥。但在知道真相后，却吓得面无人色，再也不敢从桥上走。这告诉我们，你内心所真正恐惧的只是“恐惧”本身，而与外在的境遇毫不相干。

在很多时候，我们所遇到的生活“灾难”，最为可怕的并不在于“灾难”本身，而在于你将它的严重性做了过分地扩大，并且最终被困难所吓倒，从而一败涂地，甚至还会断送性命。

有一只小猴子，肚皮被树枝划伤了，流了许多血。它见到一个猴子朋友便扒开伤口说，你看看我的伤口，可痛了。每个看见它伤口的猴子都会安慰它，同情它，告诉它不同的治疗方法。于是，它就继续给朋友们看伤口，继续听取他人的意见，后来它便感染而死掉了。一只老猴子，很是遗憾地说，它不是因为伤而死掉的，而是因为内心的恐惧而死掉的。

生活中，很多事情都是我们赋予了它传奇色彩。就比如磨难、创伤、困难和挫折，也许根本就没有我们想象的那么可怕，只是我们首先就否定了自己，被自己的恐惧心理吓到了，不是因为我们没有办法解决问题，没有能力避免事情的发生，而是我们经常没有胆量，没有足够的勇气和信心，没有人无畏的精神。

罗斯福在担任美国总统期间，西方世界陷入了一次有史以来十分严重的经济危机，美国也受到了前所未有的经济困难。美国社会经济萧条，在街上随处涌动着失业人群，股市的崩盘也使许多原本富有的人在一夜之间变得一无所有……整个社会最终陷入极为严重的恐慌之中。在这样的局面下，罗斯福说了一句至理名言：“我们唯一值得恐惧的就是恐惧本身——一种会使我们由后退转而前进所需要的努力陷于瘫痪的那种无名的、没有道理的、毫无根据的害怕。”

他发表的著名的“炉边夜话”，帮助人们稳定情绪，平息内心的恐惧起到了十分重要的作用。当内部的恐慌平息后，罗斯福顺利实施了“新政”，最终带领人们走出了困难。

由于未知，所以恐惧；因为恐惧，而越加相信。于是恐惧在心中滋生、蔓延，进而占据你的心房，让你害怕。记得罗斯福曾说过：真正让我们恐惧的只是恐惧本身。其实，恐惧只是我们对未知事物的不确定。倘若我们能深入地了解该事物，也就无所谓恐惧了。

我们总在缩小自己的幸运，扩大自己的不幸

我们对很多事情感到害怕，很大程度就是源于我们在主观地缩小自己的幸运，而扩大自己的不幸。比如，梦想受阻了，会立即感到自己的前途一片渺茫，随后便丧失了坚持的勇气；生活遇到一点点的小挫折，便觉得天都要塌下来了，接下来便开始处处小心，再也不敢去冒险；受到一点点的批评，便觉得自己是全世界最委屈的人，随后只是墨守成规，再也不敢提建议……我们总是悲观地看待自己所遭遇的不幸，最终只会招致更大的不幸。

奥维斯和西德里同时毕业于加州大学经济系，并进了同一家外贸公司做销售员。奥维斯是个积极的人，入职三个月后，就针对公司部门的实际职位构成，给自己做了极为详尽的职业发展规划。同时，在工作中也表现积极，遇到难搞的客户，总是会耐心地分析客户的个性特点，并整理有效的素材，想办法去说服。一年下来，奥维斯取得了“部门销售冠军”的良好业绩，正式被领导考虑为公司的支柱型人才。两年后，奥维斯正式擢升为销售部门经理的位置，随后，他又被一个客户挖走，到一家有实力的大公司做主要负责人，好运不断。

而西德里却不同，其生性悲观，对工作总是消极应付，上班时也提不起兴趣。遇到难题，他总是抱怨连连，怪自己倒霉。领导每次找他谈

话，他总是抱怨说，工资少，环境差，任务重，压力大……或者是领导没有指示，不知道该怎么办，再者就是推卸责任说，这件事不归我管……总之，遇事首先去怪别人，从不反思自己。就这样，不到半年时间，他就被公司辞退。接下来，又开始找工作，再换工作……不到三年时间，他换了五次工作，成就没有，却积聚了满腹的牢骚，逢人就抱怨。

奥维斯和西德里的经历，恰巧就说明了“幸运的人总幸运，倒霉的人总倒霉”的内在原因。前者遇到问题，总想着积极地去改变，缩小自己的不幸，而扩大自己的幸运；而后者则恰恰相反，总是消极地去抱怨，不断为自己招来“不幸”。

一场海难的幸存者被冲到一个荒无人烟的孤岛。他不停地祈祷，希望有船只来搭救他，可是一个星期过去了，连船的影子都没看见。

面对巨大的生存压力，苦苦求救未果，不得已，他只好在岛上建一个简易的小木屋栖身，早晨到岛上的树林里找食物充饥。一天中午，正当他拿着找来的野果准备回到小屋时，却发现他的小木屋起火了，浓烟滚滚，多次辛劳化为乌有。可怜的他感叹上帝不公，不禁仰天长啸：“老天啊，你为什么要这样对我?”

他沮丧地坐在沙滩上，一直到黄昏。在夕阳的余晖下，一艘轮船的轮廓越来越清晰了。这个人获救，他好奇地问道：“为什么他们会来救他?”他们回答说：“因为那艘船上的人看到了孤岛上的浓烟，知道这个岛上有人，并把它当成了求救的信号。”

遭遇坎坷的时候，我们或许情绪化，容易感叹命运，容易怨天尤人，容易夸大不幸。烦躁，焦急，忧伤，绝望，窒息，甚至难以自拔，仿佛周围的一切都变了，美妙的音乐刺耳起来，七彩的颜色暗淡起来，快乐的日子痛苦起来。其实天空依然湛蓝，河水依然清澈，树林依然碧绿，只因心态一时难以适应，情绪糟了，感觉变了，观念扭曲了。

每个人都在缩小自己的幸运，而扩大自己的不幸。当一点点不幸来临时，我们都会忘了存在就是我们的幸运。

葡萄牙著名的航海家麦哲伦在发现新大陆前曾在海上经历过一次狂风暴雨。一名士兵因为第一次乘船出海，所以吓得不停地狂呼乱喊，大哭不止，让船上的人几乎都受不了，因为这让本不担心的人们开始感到了恐惧。将军气恼地想下令把他关起来。

这时，麦哲伦身边的一位校官说："不要关他，让我来处理。我想我可以使他马上安静下来。"校官随即命令水手将那位士兵绑起来，丢入海中。那个可怜的家伙一被丢下海，手脚乱舞，狂呼救命。过了一会儿，校官才叫人把他拉上船来。回到船上后，倒也奇怪，刚才歇斯底里大叫不停的士兵，静静地待在船舱一角，半点声响也没有。

麦哲伦好奇地问这位校官何以会如此？

校官回答说："在情况转变得更加恶劣之前，人们很难体会自身是那么地幸运。"

生活如同天气，有阳光灿烂之日，也有阴雨密布之时。心愿与现实常常会发生冲突，期望的未必能够获得，能获得的却未必是所期望的，然而这就是生活。热爱生活的人，是不会抱怨不幸的；只会感谢不幸的发生和存在。因为经历过这样那样的不幸之后，人生才更能经得起大风大浪。

面对他人的“不断否定”，学着去接纳

张华最近很是沮丧，因为最近公司空降来一位新领导，总是否认他的表现。

张华算得上是公司的老员工了，四年多来，总是兢兢业业，尽职尽责。老领导交给她的事总会尽全力去完成。在各种公开场合，老领导总会将她当作先进典型给予奖励。因为在老领导眼中，张华算得上是好员工的代表。

然而，老领导的调任，仿佛也带走了张华身上所有的荣耀的光环。这位空降的领导上任后，无论她多努力地表现自己，始终对她不冷不热。更让她苦恼的是，新领导似乎总是通过不断地否定张华的表现来树立自己的权威。

对方一会儿批评张华在工作上不用心，太过粗心，总是忽略细节方面的考虑，另一方面他又觉得张华的专业知识不够扎实……心理学中，有一个“挫折攻击理论”。其理论指出，挫折会导致某种形式的攻击行为。受到频繁否定的张华，自然情绪变得极不稳定。一向做事稳当的她也开始做出“低情商”的行为。

比如，在一些公众场合，张华竟然和领导唱反调；有时，领导在微信群里通知消息时，张华根本不予回应。除此之外，张华竟然还在背后说领导的坏话……张华正在通过一系列低情商的应对方式，来葬送自己的职业前程。

不可否认的是，在工作中我们都容易遇到不断否定我们人，这类人似乎总是带着挑剔的眼光去打量他人，他们崇尚完美主义，总是能够快

速地找出对方身上的不足，然后给予否定。从心理学的角度分析，这样的人往往在权威式的家庭氛围中长大，他们的父母大都较为严厉，总是喜欢否定自己的孩子。逐渐地，在苛刻中长大的这种孩子自然也会否定他人。

这些分析，虽然无法马上平衡你的内在情绪。但是会让你对那些否定、挑剔甚至伤害到你的人，给予一些谅解，而不是马上像张华一样以低情商的行为来发泄自己的情绪。要知道，这种做法会使你的工作环境充满负能量，消耗你大部分的工作热情，更为更糟糕的是，你总是整天盘算着怎么去反击，整天想着如何去维护自己的自尊，如何能安心地工作并做出成就来呢?

那么，面对他人的频繁否定，情商高者是如何应对的呢?

1. 接纳对方，也许对方并非在针对你。

柳青的领导也是一个爱否定别人的人，用她的话来说，“上司的每天都会常将‘可是……’‘但是……’‘这么差……’”每次接到她的否定后，柳青都会很生气。为此，刚开始她总是喜欢和她辩论。但这种辩论往往会使她更加生气。后来，她发现了一个真相，而且这个发现也让她如释重负——那个喜欢否定她的上司，也经常会否定其他人。此后，她开始学着接纳，慢慢地情绪就变得稳当了。这里所说的“接纳”是指，当下一次上司再否定她的时候，她就会告诉自己：“也许这个人并不是仅仅针对我，这只是他的一种固定行为模式而已。”

2. 接纳自己，相信你的价值是由自己来定义的。

在现实中，有些人在遭到他人的否定后，便会沮丧难耐，觉得自己毫无价值，进而丧失前进的动力。实际上，这个时候，你应该知道相信自己的价值是由自己来定义的，它并不会因为他人的否定而消失。当有人否定你的时候，你就要大声地告诉自己：即使得不到他人的认可，我的存在依然也是有价值的。如此你的情绪便也能够得到平衡。

3. 提升自己的能力。

从心理学角度讲，大多数烦恼和痛苦的产生，在于一个人总是执着于去改变自己无法改变的事情。很多时候，我们是没有办法去控制另一个人对待我们的态度的。有时候，即便你很用心，对方还是会否定你。这个时候，你不妨告诉自己，此刻自己唯一能够把握的东西就是专注去提升自己。因为只有当自己变强大了，才会提升自己的信心，也才能受到他人的尊重。

从现在开始：请停止与自己较劲

生活中，我们时常感到烦恼或痛苦，就是思维或行为被社会的价值体系所束缚，脑袋里总是装着太多的“应该”与“不应该”：为了不被时代淘汰，应该多学习，才能长进；与人相处，总想着应该为别人着想，才能赢得对方的认可；为了维持婚姻的和谐，想着应该委曲求全，方能令所有人满意……为这些，我们不得不强迫自己做不合适或不情愿做的事情，致使自己的生活变得越来越拧巴，不停地与自己较劲。

丽莎是个沉默内向的女孩，跟陌生人一说话就脸红，而且说话的声音也极小，但她却是个野心勃勃的女孩。

大学毕业后，不甘平庸的丽莎开始准备创业。她本来学的是金融专业，在证券公司做职员也符合她细致沉稳的个性。但看着周围的朋友都在跑保险，丽莎有些沉不住气了，开始跃跃欲试。她满怀信心地对朋友艾丽丝说：“我就是想挑战自己，我知道自己不善言辞，卖保险可以跟更多的人交流，需要较好的沟通能力。我这样做就是为了锻炼自己，不相信自己会比别人做得差。在学校的时候，我曾看到一个故事，说的是一个演讲家，小时候口吃，后来他嘴里含着石子锻炼，终于成了不起的演讲家。我一不口吃，二不笨，怎么会做不好呢?”自小就倔强的丽莎，下定了决心要尝试一下自己不擅长的工作。

原本以为，经过一段时间的锻炼，丽莎一定可以战胜自己的弱点，为自己的人生赢得第一声喝彩。谁知一段时间后，当艾丽丝再次见到她后，还未来得及问清楚情况，她便“哇“地哭了起来。原来，丽莎在卖保险过程中遇到了太多的困难和尴尬。她曾尝试向别人介绍保险，但因为性格内向，不善交际沟通，她的人脉资源也不够丰富，于是就通过同学介绍，接触到了不少的陌生人。虽然她做了不少准备，但经常遭到冷漠的拒绝，有时候甚至还会遭到讽刺。丽莎本身性格内向，又不是那种伶牙俐齿的人，其中的尴尬可想而知了。尝试了一段时间，不仅没有丝毫进步，反而大大地挫伤了她的自信心。她沮丧地对艾丽丝说：”我觉得真是太糟糕了，笨嘴拙舌，什么都做不好！“看着丽莎难过且憔悴的样子，艾丽丝很是心疼。

多数人在生活中，都曾有过类似于丽莎跟自己过不去的经历。你周围的人总在说，要学会挑战自我，赢得更精彩的人生，在这种主流思想的影响下，我们觉得应该去挑战一下自我，结果把生活搞得很拧巴。其实，很多时候，人生不是用来挑战的，而是用来妥善对待的。就如丽莎一般，跟自己的弱点较劲，将自己弄得狼狈不堪，最终却没能战胜自我，反而落得丢盔弃甲，落荒而逃。有人可能会说，你不尝试怎么知道你的潜力有多大，但你的弱点你该最清楚，拿自己的弱点与跟现实相对抗，无异于以卵击石。

实际上，人生最智慧的做法不是打着“挑战自我”的旗号跟自己的弱点较劲，而是善于规避弱点，发挥自己的长处。每个人的天赋都不尽相同，只要能最大限度地发挥自我的长处，就可以赢得成功，完全没必要拿出自己的短处去跟别人的长处较量。同时，你也不必要去强迫自己做自己不想做的事情，比如你意识中觉得你该去考一个资格证，但你又不想付出努力，那就先允许自己将这个想法放下，没必要在“要不要去考证”这件事中纠结、拧巴。当然，这里并不是说让人放弃上进、奋斗，而是让人在不开心的状态中寻求一种舒服的生活方式，让自己的身心处于一种和谐的状态。

接纳自我，首先要了解你的情绪周期

“接纳自我”的第一步就是要了解自我，这其中也包括了解自己的情绪周期。在生活中，你是否有这样的感受：有时候，你觉得自己一帆风顺。从早上起床开始，自己好似戴上了玫瑰色的眼镜，充满乐观，周围的一切都是那么可爱，事事都是顺心如意。但是有些时候，你又会莫名其妙地感受到情绪较为低落，整天闷闷不乐的，不愿意理睬别人，也没心思做事……其实，这便是情绪的“周期性”。实际上，每个人的“情绪”都是有“发病期”的，它是一种正常的心理状态，因为情绪与人的智力、体力一样都具有周期性。在现实中，我们如若想更好地掌控情绪，我们就必须要搞清楚自己的情绪周期。

奥地利的一位心理学家发现，人的情绪高低波动以 28 天为一周期，遵循着临界日→高潮期→临界日→低潮期→临界日→高潮期的规律而循环往复。人的体力、智力周期也有大致如此的波形，三者相互影响。高潮期的表现为：精力旺盛，不易得病；情绪高涨，乐观积极；思维敏捷，记忆力强。低潮期的表现为：耐力下降，容易疲劳；心神烦躁，情绪低落；思维迟钝，记忆减退。这种周期性就如同无形的时钟一样制约着人体，演奏着经久不息的生命进行曲，所以有人把这称之为“生物钟”现象。

高情商者，会了解自己情绪的高潮期与低落期，并根据自身的情绪变化规律，合理地对自己的情绪进行调整。比如，他们会在情绪高潮期安排一些较为重要的工作，在情绪低落期，适当地让自己放松下来，并通过有效的方法控制自己的情绪，使自己永远保持身与心的和谐。

艾森是美国一家贸易公司的部门经理，他工作一向很出色，深受领导的器重和赏识。他最让人称赞的地方就是他的高情商，无论在什么时候，工作压力再大，他似乎都没有难过、沮丧等情绪低落的时候，无论是面对客户还是在会议上，他都能表现得笑容可掬、谈笑风生，给人一种心情愉悦、平易近人的感觉。

一位同事问他在工作压力异常大的情况下，为何还能保持如此乐观的情绪，艾森笑笑说道，因为我真的很了解我自己的情绪，尤其是我的情绪变化周期。当我意识到自己的坏情绪快要“来临”时，我便会事先做好准备，让自己暂时先放下繁重的工作，去让自己放松或者去做其他的事情转移自己的注意力，如此这样就可以使自己平稳地度过情绪低落期或暴怒期了。

有一次，他出门前与妻子吵了一架，心情差到了极点。但是这天上午他正好要与一位客户见面，这桩生意十分重要，不能有半点疏忽。所以，他在见客户前，在会议室打了一个坐，让亢奋的情绪先平复下来，然后做了几个俯卧撑，使自己恢复到了以往平静、乐观的状态。之后，他在客户面前表现得极好，最终拿下了订单。

事后，因为心情愉悦他主动给妻子打了一个电话，表达自己的歉疚之情，两人也回到了最初的甜蜜状态。

要更好地掌控情绪，一定要先了解自己。一方面了解自己最真实的需求，让行为“忠实”于自己的内心，不与自己较劲儿；同时更应该了解自己的情绪周期，事先做好预防，也是你不被情绪控制的前提。当然，当生活中的“突发事件”袭来时，也能尽快通过运动或改变思维等方法去调节自我，让负面情绪“动”起来，不让他郁积在内心影响自己的工作或生活。

我们知道，情绪是人体内一种“流动”的能量，当负面情绪袭来时，你最先要做的就是让它“动”起来，从而将其发泄出去。对此，一位心理学家也指出，动物在与同类激烈冲突或逃脱其他猎物追杀之后，总是会用力抖动身体。这是为了让刚刚因应激而积蓄的大量肾上腺素，以及紧张备战的情绪和能量能够消散，不在身体当中累积。对人类来说，也可以通过行为来释放身体的能量，让情绪流动起来。比如你可以通过运动、跳舞、唱歌、全情投入各种艺术工作，或是在无人处大吼大叫等方式，让它慢慢地从自己体内释放出去。

当然了，很多人可能会说，我该如何了解或摸透自己的情绪规律呢？有一个极为简单的方法就是记日记，将你每天的情绪状态简单地写下来，以 28 天为一个周期，连续进行几个周期后，你便能够大概总结出自己的情绪周期了，进而再用真正适合自己的方法进行有效地疏导，那么，你就可以成为自己情绪的“主人”了。

第三章

换个角度去消除对抗

——所谓接纳，就是看到负面情绪背后隐藏的价值

要更好地消融负面情绪，最好的办法便是接纳它，并与之和解。但在实际生活中，使人放弃对情绪的对抗是最为艰难的过程。但是，如果我们在负面情绪来临之前，先换个角度去看问题，比如压力能带来焦虑，但我们在焦虑之前，将压力看成是使自己前进的动力，即看到压力背后所隐藏的价值，或者当你深陷焦虑中并与其对抗时，你换个角度去看待焦虑，看到其背后隐藏的价值，那么我们就会停止与消极情绪进行对抗，接下来，我们便不容易陷入负面情绪中无法自拔了。所以，从负面情绪或引起负面情绪的因素中看到其隐藏的价值，也是有效掌控和化解负面情绪的一大法宝。

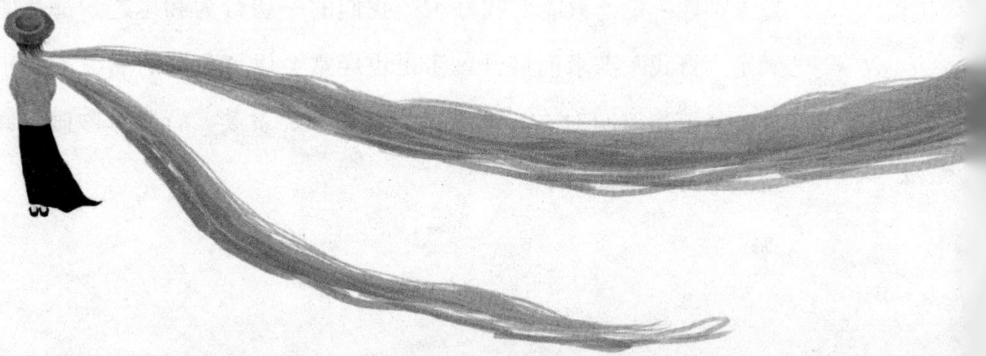

多数人愁苦的根源：太执着于“我”

很多人在生活或工作中难以感受到幸福，品尝到甜蜜，就在于其心中永远装着一个“我”，为了满足“我”的精神需求和物质需求，最终将自己拖入永久的愁苦中。

一个八岁的小男孩，和离异的妈妈一起生活了很多年。日子虽然过得紧巴巴，但是无私的母爱却让他的童年生活充满了快乐。

一天，他放学回家，看到一位陌生男子——那是别人给妈妈介绍的对象。男孩看到他，便扭头就往外跑。从此之后，他就变得郁郁寡欢，有时候甚至还为此事与妈妈大吵大闹，说：“你是我的妈妈，你的世界里只能有我，你爱别人不能超过爱我。”

妈妈语重心长地告诉他：“我是你的妈妈，但我也是我自己的啊。”

生活中，我们之所以不快乐，主要在于太执着于“我”字：孩子说，这是“我的”玩具，其他人不能随便玩；学生说，这是“我的”老师，不允许他特别地欣赏别人，一定要欣赏我；朋友说，你是“我的”朋友，一定要对我够义气，讲信用；家长说，这是“我的”孩子，一定要听我的话。同样，在感情世界中，许多人之所以享受不到爱情的甜蜜，也主要太执着于“自我”：你是“我的”男（女）人，你要一切都听命于我；你是“我的”老公（老婆），不允许任何一个异性去惦记；你是“我的”爱人，你一辈子只能对我好……我们的一切行为和思想，都是紧紧围绕满足“自我”需求而展开，于是也经常会以“我”的名义去要求你的爱人，甚至是控制对方，那么嫉妒、仇恨、贪婪、背叛、吵闹、纠纷、甚至战争自然就开始了。

我们因为太执着于“我的”，所以会去控制他人，或会让他人的行为要遵从自己的意念。但没有人喜欢被控制，被他人所限制，于是，矛盾和不愉快便会产生了。要知道，你身边的朋友、老师、父母也好，爱人也罢，他们在社会属性上是属于你的，而在生物属性上，他们首先是属于他们自己的，你的各种强制性的行为，会让人在产生失去“自我”的同时，对你产生排斥感。所以，要想获得和谐的人际，首先要在意识中丢掉“我的”的执念，将你身边的每个人都看成是一个独立的个体，尊重他的一切行为和做法，在给对方充足空间的同时，也能赢得他人的尊重。

今年35岁的刘茵是个普通的女人，她的丈夫张俊倒是一家集团公司的总裁，拥有上千万资产，而且长相帅气，知识渊博，为人风趣幽默，再加上他事业越做越大，周围自然有很多女人围着他转。经常会有漂亮的女人给他发暧昧短信，甚至有女人直截了当向他表白。然而，刘茵却从来不害怕失去丈夫，反倒是丈夫张俊变得唯恐失去她，费尽心机地讨好她，这背后究竟有着怎样的故事呢?

大多数女人在丈夫长年不在家，又疏于跟她联系时，便会感到寂寞、孤独，而刘茵却把自己一个人的生活打理得有声有色。

她一个人在家时，就会安静地看书，有时会流连美味的餐厅，也会在路边咖啡厅静坐良久，看街上的人来人往。

刘茵有许多男性朋友，有企业家、社会名流、文化精英，她经常与这些男性朋友喝茶聊天。这增长了她的见识和智慧。她知道，这些男人有雅致，有情趣，有内涵，就像肥沃的土壤一般滋养着她。

另外，在闲暇时间，刘茵还经常一个人背着包，去很远的地方去旅游。她哪儿都想去，哪儿都敢去。人生地不熟，语言不通，都不怕！旅行大大增长了她的见识和智慧。

很多人曾问刘茵："你难道不害怕有一天你的男人会被别的女人抢走吗?"她答道："他从来就不是'我的'，他是他自己的。如果他永远能爱我，我当然会高兴，如果有一天，他真的要跟我离婚，我也应该高兴，因为我不会同一个不爱我的人生活在一起。"

一次，有一位漂亮的女人直接向刘茵发起了挑战，那是一个漂亮而时尚的女人：长腿、硕胸、蚂蚁腰，皮肤是那种很健康、时尚的小麦色。她打电话给刘茵说："我爱上了你的丈夫。"别的女人听到这话可能会气得咬牙切齿，刘茵却笑着说："谢谢你欣赏我的男人。"当张俊回来时，刘茵却直奔上去，搂着他的脖子说："老公你太棒了，刚才有个女人打电话来说爱上你了。"她压根儿就没把这件事情当一回事儿。

几年过去了，刘茵和张俊结婚 12 年了，在这个婚姻无比脆弱的年代，他们依然恩爱如初。许多女人都羡慕刘茵，说她找到了一个好男人。而张茵则毫不谦虚地说，是张俊运气好，能娶到她这样的优秀女人。大多数女人结婚是为了找个男人来依附，使自己的人生更完整。而刘茵却说，婚姻的目的并不是找一个能令我完整的男人，而是找一个可以与他分享我的完整的男人。

故事中的张茵是有智慧的，她的婚姻之所以能长久地维持和谐，最主要的原因是她从不把老公当老公看，不认为老公是"我的"，总是以欣赏的眼光去对待对方，同时，在独处的时候也能经营好自己，最终才获得了对方的尊重和爱恋。

生活中，多数人与周围亲近的人交往时，都觉得对方的某一方面是独属于自己的，不可侵犯的。只要被他人惦记上，便觉得自己的尊严得到了侵犯，然后发生矛盾、摩擦，最终伤了和气与和谐。事实上，任何一种社会关系，一旦我们觉得谁属于我们，就很容易失去对对方的尊重和礼貌。随之而来的反应就是去告诉他，他应该做些什么，应该如何去生活。更有甚者，他们会认为他就应该听从我的指使。这样的关系，都不会持续得太过长久，因为没有谁喜欢被控制。所以，在人际交往或家庭中，将他人看成是一个独立的个体，懂得去尊重他们的行为和选择，也等于是与自己和解。

懂得向现实低头：世上没有过不去的坎

伤痛犹如欢乐一般，都是人生必不可少的一部分。当伤痛袭来时，我们要学着去接纳已经发生的事实，然后再学着去体会悲伤、痛苦，以积极的态度去面对以后。要知道，你若一味地沉浸其中，纵使万箭穿心，痛不欲生，也仅仅是你一个人的事，别人也许会同情，也许会嗟叹，但永远不清楚你的伤口已经溃烂到何种境地。所以，我们凡事要看淡一些，心放开一些，一切都会慢慢地变好的。

约翰经营十几年的贸易公司最近业务不佳，由于资不抵债而宣告破产。从那之后，他原本开朗的性格就变得异常的怪异，心中充满愤怒，每天都会在朋友面前抱怨生活的不公。他的内心也变得异常地孤独，三年中，他没再出去工作过，与外界也不接触，脸上的表情总是硬邦邦的，几乎看不到一丝笑容。

有一天，约翰在路上走着，忽然看到一幢他之前非常喜欢的房子，房子的周围竖起了一道新的栅栏，那房子虽然很旧，但是院子却被主人打扫得干干净净，院子之中种着各种各样的花草，显得很和谐。约翰注意到里面有一个系着围裙，身材瘦小，弓腰驼背的老妇人在拔着杂草，修剪鲜花。约翰不禁停了下来，长久地凝视着栅栏中的一切，看到那个弱小的妇人正准备用割草机修草坪。

"喂，您家的庭院，真是太美丽了！"约翰心中一激动，便挥动着手，冲着主人大声喊叫。那妇人也蹒跚着站起身，看着约翰。她微笑着，对他喊道："到门廊上坐一会儿吧！"

约翰便同妇人一同走上后门的台阶，那位妇人打开拉门，说道："这些年我都是独自一个人生活，没事的时候，我就打理我的庭院，经常会有人来我这里聊天，他们喜欢看到漂亮的事物。有些人看到这个栅栏后便会向我招手，有些像你这样的人甚至会进来坐在门廊上与我聊天。"

"但是最近听说前面这条路可能要扩宽了，你的庭院可能要被拆掉了，难道你的内心不介意吗？"约翰问道。

"变化是生活中的一部分内容，也是铸造一个人性格的重要因素，当不喜欢的事情发生在你的身上，你要面临两个选择：要么痛苦愤怒，这样会让自己越来越痛苦，因为你不断地重复自己的痛苦，每重复一次，就会让自己再痛一次，久而久之，伤痛就会成为你生活中的一部分了；要么就振奋进步，用微笑和努力将痛苦掩埋，它就再也不会影响到你了。我知道，太阳每天都是新的，它从来不会因为你而改变什么，既然如此，不如选择后一种……"

听到此话，约翰的内心深处就有一种新的感受，只是觉得，由愤怒筑建起来的心灵的坚硬的围墙轰然倒塌了……

太阳每天都是新的，与其被挫折和痛苦折磨，不如选择与自己和解，懂得接纳它们，将它们看成是人生的一部分，然后淡然地对待。事情既然已经发生了，就要懂得向现实低头，做到不抱怨、不怨恨，静静地让"不幸"从你人生中过去。

其实，人生没有过不去的坎，任何苦难，都会成为永久的过往。其实，人的承受能力，远远地超乎我们的想象，就是如果不到关键时刻，我们很少能够明白自己的潜力有多大。

别向他人要幸福，那是一件只与自己有关的事

生活中，很多人都觉得自己是否愉悦或幸福，都与外界的一切密切相关，觉得幸福就是“别人能给予我什么”，其实，一切寄托在外物身上的满足感和幸福感都是极为短暂的，因为任何的人与物都是你生活的配角。真正的幸福和愉悦，是内心滋生出的一种力量，那是一件只与自己有关的事。幸福不在于能从外界获得什么，而在于内心对外界事物的感知力。一个无幸福感知力的人，无论他获得再多，都不会幸福。一个能够感知幸福的人，无论他多么的贫困和平凡，都是幸福的。

生活中，很多人认为，自己之所以过得不幸福、不快乐，就怪爸妈无法庇荫自己，怪自己的成长过程不平顺，怪家中的老公不够体贴自己，孩子不够听话……他们怪一切拖累了他们，自己的生活才变得一团糟糕。他们一直怪别人，将怒气发泄在不顺心的人或事上面。其实，一个人幸福与否，与外界的一切都毫无关系，而与其内心、个性比较有关系。

青樱是个活得异常洒脱的人，她有一颗能时刻保持愉悦的心，生活中无论遇到怎样糟糕的事情，比如孩子考试不及格、老公没本事，自己挨领导批了，她每天都能坚持快乐的生活。每天的晨跑，她迎着早上升起的太阳、伴着凉爽的晨风，在她眼里都是快乐的。

有朋友问青樱：“你为何总是那么能够沉得住气，一整天都乐呵呵的呢?”

青樱轻轻一笑，回答道：“事情已经是这样了，着急、紧张、郁闷、痛苦……有什么用处呢？何况，孩子乖巧懂事，丈夫对我很好，我又没有下岗，为什么不快乐一点啊？快乐是一天，不快乐也是一天，当然要

快乐，我们要享受生活嘛。”

对于青樱来说，幸福很多时候并不是掌握在别人手中的，而是放在她心中的一种能量。她自己有一颗积极乐观的心，她有足够的自控力让自己活得好，而且懂得解决生活中的疑难，更懂得用理智与平和去面对生活中可能有的波折。

的确，能够掌控自我幸福的人，一般都有着极为成熟的个性，他不会为任何事情去扭曲自己的意愿，所以，也不会依着不适合的男人或女人去折磨自己。幸福的桨已经被他牢牢地握在手中，没有人能够夺走，所以她能够度过人生中必然会有的惊涛骇浪，找到属于自己的生活节奏。更为重要的是，她富有智慧，懂得取舍，能时时地对自己所拥有的感到满足与快乐，她还有强大的感知力，能够对生活中极为普通且常见的事与物感到幸福。

今年37岁的莲娜曾经历过两次失败的婚姻，而且每次都因先生的出轨而收场。她曾向朋友哭诉她第二段婚姻失败的经历。一次她在出差后提前回家，发现丈夫和另一个陌生女人亲密地在一起，当这一幕映入她的眼睑时，她全身开始不停地颤抖、歇斯底里尖叫的同时，心中浮现一个充满仇恨的声音：“看，你又失败了，你为这个男人做了这么多，他还是辜负你！怎么会这样，命运在诅咒你！“当她企图抓起身边的抱枕扔向丈夫时，她在无意间看到了镜子中的自己。镜子里面出现了一张愤怒而且扭曲、丑陋的脸庞。此时，另一个声音在她耳边响起：“如果我是男人，也不会爱你！”

她的内心忽然平静下来，她开始意识到：连自己也不喜欢自己，凭什么要别人一辈子忠心不渝地守着她呢？她发现，她人生的困境不在于丈夫是否有外遇，也不在于婚姻失败。最根本的是，她一点也不喜欢自己的生活，她像一条奄奄一息的鱼，被困浅滩。婚姻的重复失败只能提醒她，别以为得到婚姻就可以舒缓她的人生困境。

对于一个女人来说，如果自己都不能让自己快乐、幸福，自己在生活中都难以找到乐趣，不尝试着去改变，只是一味地责怪、抱怨有东西阻止她的快乐，那以，她嫁给谁都不会幸福。男人亦是如此。

有这样一句话："有一种女人，不管她嫁的是建筑工人还是国会议员，她都有能力让自己过得幸福。"真正长久的幸福并不源于外界，那是一种心灵的力量，这种力量未必如惊涛骇浪一样冲击着我们，也未必如泰山压顶一般震撼着我们，或许只是"随风入夜"的"淅沥春雨"，只是"以阴以雨"的"习习谷风"，便足以让我们的心田温浥润泽，熠熠生辉，足以让我们的生活快乐惬意、光彩照人。

生活中，我们常听人说，我穷得只剩下钱了，可见，富有不一定幸福。美国心理学家戴维·迈尔斯和埃德·迪纳研究证明：财富是一个很差的衡量幸福的标准。因为人们并没有随着财富的增加而变得幸福，相反，随着财富的增加，人们似乎变得更为苦恼。因为幸福不是一种物质，而是一种心理状态，一种情感体验。所以，如果有人问你：你幸福吗？你可以这样回答：我每天都幸福，每天都是我这一生中最幸福的日子——尽管我的房子不是很大，尽管我没有多少财富，尽管我没有什么地位，尽管我人长得不够漂亮，尽管……但是，我能够努力做到对我所拥有的一切感到满意，能够努力做到不被太多世俗的标准所束缚，能够努力做到让自己的心灵快乐，精神富足。

与"坏习惯"讲和，然后再改掉它

"本来计划好了每周要做5次的运动，但一周过去了，计划还未实施一次。周末的时候，觉得自己本来超标的体重又增加了3斤，觉得懒惰的自己真像是个黑洞，可怕极了！”

“星期天本来答应上司要将市场报告写好，发到他邮箱的，可一上午过去了，自己竟然看了一上午的电影。到了下午，又开始不停地浏览购物网站，眼看天就要黑了，市场报告竟然一字还未写，心里开始不停地担忧明天如何跟上司交代，就这样，内心越是焦虑，越是一个字也写不出……一天过去了，内心充满了恐慌感和挫败感！”

“与丈夫说好了从此以后不再当着孩子的面吵架的，可是晚上看到丈夫回家将鞋子和袜子一团乱扔，顿时气不打一处来，对着屋里正在打游戏的老公一阵乱吼！孩子又一次被暴怒的我给吓哭了！”

生活中，我们因为缺乏自控力，为此似乎总是被坏习惯所掌控，随后给自己带来了诸多的烦恼和痛苦。当下很流行一句话，即败在不自律，赢在自控力，说的就是人们要通过强大的自控力去改变自己的坏习惯或坏行为，从而成就卓越的自己。意思是说，建议人们要用自身强大的自控力去改变自己身上的坏习惯。但实际上，要练就强大的自控力并非是一件易事，这也并不是一种好的改掉坏习惯的方法。更何况，从心理学的角度分析，用自控力去强制自己改掉坏习惯，是一种与自我对抗的过程。但凡是与自我进行对抗的行为，都不能从根本上改变自己。要想真正地改变自我，就要学着从与自我和解的角度去着手，即先承认坏习惯是我们本身的一部分，学着接纳它，然后再慢慢地去消除它。

武志红在《感谢自己的不完美》中提及：“每个人做任何事情最终都是为了满足自己的一些深层次的需要，每一个负面的、损害性的行为都有一个正面的动机。如果认真聆听我们内心的声音，你就会发现，生命中每一部分都是你的朋友，都是为了帮助你更好地生活。当你理解这一点时，你便会带着感激的心去面对你本来仇视的缺点和恶习，并将它们当成朋友一般来看待。这时，你就不会像对待敌人一般去击败它们，而是去接纳它们、了解它们。这其实是你人格的一部分，或者说是你的一个‘次人格’，当你这样去做时，这个次人格中所蕴含的能量便会被我们所接受，成为我们生命中的一部分。”也就是说，当我们将坏习惯当成朋友去接纳，然后认清楚它们对你或为你所带来的种种“危害”，然后使自己真正地屈从于正确的行为，从而慢慢地改掉你的坏习惯。

周薇是一家杂志社的编辑，她打算要在周末完成一篇稿子，否则周一就会打乱公司整体的杂志出版计划。但她呆呆地坐在计算机面前，脑子里一片空白，一个字也写不出来。她一会儿打开游戏玩几局，一会儿一遍遍地刷新新闻网页。两个小时过去了，她开始强烈地谴责自己，发誓再也不做这些无聊的事情了。但过了一会儿，她刚写了几个字，又开始刷新娱乐新闻网站了。她觉得这样强制自己去写，到天黑可能也敲不出几个字。她打算换一种方法，让自己静下心来去写稿。她认识到，与其强迫自己，不如先让自己静下心来聆听自己内心的声音。这时她仿佛听到自己内心的“另一个自己”在大喊：你整天写稿件，生活过得如此枯燥、无味，你确实需要好好地休息和娱乐一下了。这时，她静下心来对自己说，我一定会去休息和娱乐，但必须要先将手头的工作做完才行。如此一来，她便发现那些让她分心的想法不再纠缠她了，与之抗争的“另一个自己”被她这话给“训服”了。在这样的状态下，周薇集中注意力，很快地完成了她的工作任务，将稿件发到主编的邮箱后，整个人感到从未有过的轻松。从此之后，每当她想拖延某件事的时候，便用这种方法来“与自己和解”，慢慢地，她的这种坏习惯便改掉了。

可见，面对自己的“坏习惯”，与其以胆怯、苦恼、愤怒等脆弱的一面对之采取无视或者排斥的态度，不如学着主动与其和解，将它看成是你人格的一个部分，然后用内心的声音与其讲道理，最终达成和解，再平静地改掉自己的坏习惯。

理性认识焦虑：它是人们对不安全现实的“预警”

生活中，焦虑是也是一种消极的情绪。随着生活节奏的加快和压力的增大，越来越多的人总被焦虑所缠绕。面对焦虑，很多人都采取对抗的方式与它们相处，比如恨自己为何会如此沉不住气，在心中默念“让它过去吧，让它过去吧”等，这种对抗不仅无法驱赶，还会将你拖入焦虑的泥潭中无法自拔。

从心理学的角度，要想去除焦虑，最好的办法便是理性地认识你的焦虑，然后试着与焦虑情绪握手言和。焦虑是人类与生俱来的一种情感体验，所以，生活中99%的人都会为了这样或那样的事情而焦虑。心理学家曾将人分为理智人、原始人和纯真人，而焦虑情绪的本质其实就是理智人和原始人发生冲突了。比如，工作中，你很渴望成功，但不顺利的现实将你的那种渴望压制住了，这时，你就会感到恐惧，进而变得焦虑不安。所以说，焦虑是一种极好的防御机制，它是在提醒你的现实生活出现了问题，仍然需要做出一定的改变才能让生活回归平常。所以，当你自身感到焦虑时，要学着以平和的态度去分析它，并且告诉自己，焦虑是自己对不安全现实的一种“预警”，换个角度去看待焦虑，你就不会使自己痛苦不堪了。

弗洛伊德在其著作《抑制、症状与焦虑》中，将焦虑情况分为三种，即现实焦虑、道德焦虑和神经焦虑。

1. 现实焦虑，指人类对现实世界中危险因素的恐惧。当我们担心外部世界会发生一些危险时，大脑就会给我们发出信号提醒我们，警示我们，这个信号就是现实焦虑。比如，在很高的悬崖上行走时，你会感到担忧、害怕；一个人在家待着怕被盗窃；在陌生的城市突然没有安全感；在考试前的焦躁不安；向爱人表白前的焦虑不安；与陌生人见面前的种种担忧；面试前的忧虑等等，都属于现实焦虑。

2. 道德焦虑，指一个人在做错事，或者自己认为自己做错事时，其内心就会产生内疚，羞愧以及自卑感。而焦虑是对来自自身良心的惩罚的恐惧。比如，我们会因为在上司面前说错话而忧虑不止；对自己曾经做过的错事而羞愧难当；对自己内心的一些不道德的想法而焦躁不已等等，都属于道德焦虑。

3. 神经焦虑，它是现实焦虑的升级版，但它藏得很深，我们难以意识得到。每个人都有对爱情、财富、成功、权力等有强烈的欲望，当这些欲望和恐惧被大量的释放时，很容易让我们濒临崩溃，此时，大脑所发出的信号就是神经焦虑。生活中，你会莫名地感到焦虑，但是你却找不到焦虑的源头，甚至根本不知道自己在焦虑什么。

认清楚了焦虑情绪的分类，你就可以根据自身的状况理性地分析出自己焦虑所产生的原因了，接下来，你就要认识到焦虑对我们自身并非毫无益处的。丹麦哲学家克尔凯郭尔，一生都处于强烈冲突的“非此极彼”“恐怖与战栗”中而极度焦虑情绪，但他却成了史上探讨焦虑第一人而且卓有成效。美国心理学家阿尔伯特·埃利斯，年轻的时候在多方面有严重焦虑情绪，但他成功自救并发展出一套简单有效的心理治疗方法——理性情绪行为疗法。现实生活中，焦虑是一种极好的防御机制，它是对有问题的现实生活最好的警示，它提醒你要做出改变了。也就是说，当你意识到自己处于焦虑中的时候，别急着去否定它，当然也没必要肯定它，而只是去感受它。就像我们身体生病一样，只有接受这个生病的事实，然后搞清楚问题出自哪里，再对症下药才能解决病痛。在无条件接纳的前提下，对引起焦虑的认知进行自我对话，发现那些认知不合事实、不合逻辑、对自己有害无益等问题并进行重新审视和思考，从而放弃错误的认知，从根本上消除焦虑。

消除焦虑后，如若你的内心还是无法平静，那就试着用正念冥想的方法，让内心彻底回归平静。正念冥想的方法有很多种，比如数呼吸、观察自己的思维、步行冥想等。正念冥想是一种简单的行为练习法。具体步骤为：①你可以选择自己觉得最舒服的坐姿；②伸直脖子，让上半身成一条线；③如果觉得闭上眼睛很舒服，那就闭上眼睛；④让你的意念集中到呼吸，深呼吸到腹部，再呼出；⑤不断地重复你的呼吸；⑥如果精神分散了，不要紧，要集中注意力，再呼吸；⑦慢慢地将你的注意力转移到自己的脚、小腿、手腕、腹部、背部、脖子、头部等；⑧找出身体觉得稍微紧张、不适之处，并观察它，接纳它；⑨反复感受它的存在，并均匀呼吸；⑩将注意力转移开来，轻轻地回到呼吸上面；用呼吸清洗整个身体，从头到脚；每次呼吸都要尽力使内心恢复平静，更加深入；体验并感受这种轻松感；深深地轻呼气，再吐出；呼气，再渐渐地睁开双眼。如果坚持长期地练习，心态就会变好，焦虑的情绪便难以打扰到你了。

祛除自卑感：一个人炫耀什么，说明其内心在意什么

每天刷朋友圈的人，可能都有类似的体验：谁谁正在某高档餐厅吃大餐，谁读了什么书，哪个朋友去哪里旅游了，哪位同学最近参加什么重量级的会议了……在朋友圈里，大家似乎都在向周围的人表明自己的生活过得有多好。但是，心理学上有一个论点是说，一个人炫耀什么，

说明他内心缺少什么。从心理学的角度分析，一个人炫耀，是因为他曾经缺乏，而如今拥有，而且拥有之路来得有些艰辛，倘若不为人所知，锦衣夜行，哪里对得起自己曾经付出的种种辛酸呢？一个人在炫耀的同时，也表明了其内心是不够丰盈，因为自卑、脆弱，所以害怕别人看穿其内在，所以要以炫耀的方式向他人表明：我不缺这个，我拥有它们。对他们来说，这种方式似铜墙铁壁一般，能将自己内在的脆弱和自卑深深地禁锢和武装起来。

对此，亦舒说过这么一句话："真正有气质的淑女，从不炫耀她所拥有的一切，她不告诉人她读什么书，去过什么地方，有多少件衣裳，买过什么珠宝，因为她没有自卑感。"这句话也向我们道出了这个至理：一个人炫耀什么，说明其内在自卑什么。

有一个故事是说，有一位看上去很普通的女作家被邀请参加笔会，坐在她身边的是一位匈牙利年轻的男作家。男作家看看身边这位衣着简朴，沉默寡言，态度谦虚的女人，并不知道她是谁，男作家认为她只不过是一个不入流的作家而已。于是，他有了一种居高临下的心态。

男作家主动上去搭讪："请问小姐，你是专业作家吗？"女士看到他，回答说："是的，先生。"男作家于是立马询问道："那么，你有什么大作发表吗？能否让我拜读一两部。"那位女士听到他的话，很淡然地说："我只是写写小说而已，谈不上什么大作。"男作家听到此处，心里面开始扬扬自得，更加证明了自己的判断。

男作家继续问道："你也是写小说的？那我们算是同行了，我已经出版了339部小说，请问你出版了几部？"女人听到她的问话，很镇定地说："我只写了一部。"男作家听到女士说只写了一部，有些鄙夷地问："噢，你只写了一部小说。那能否告诉我这本小说叫什么名字？"女作家平静地说："《飘》。"狂妄的男作家顿时目瞪口呆。女作家的名字叫玛格丽特·米切尔，她的一生只写了一部小说。

那位文中的男作家至今已经无法考证，但是从他高调的炫耀的结果可能想到他当初的窘迫处境。从心理学的角度分析，他在炫耀自己作品多的同时，也表明了他内心很是在乎自己的声望。而玛格丽特·米切尔因为充满了自信，所以她始终默不作声。在男作家询问时，当她说出“飘”那个字的时候，便可以想象出，之所以她如此的平静是因为已经有了强大的底牌在支撑着她，正如老子所言，“善者不辩，辩者不善。知者不博，博者不知”。

与压力和解：没有压力便没有动力

上天在给我们创造众多机会的同时，也给我们带来了更多的压力。在现代社会中，我们感到压力是无处不在的，它令我们焦虑、痛苦。很多人都会采取压制的态度对待压力，将它深埋于心底，默默承受，这不仅不利于自身的健康，而且从心理学的角度分析，一个人若被压力折磨得久了，总有一天其会以某种方式来一次喷井式的大爆发，可能会造成极严重的后果。为此，对待压力最好的办法便是学着与压力和解，学着接纳压力。

要做到这一点，你要认识到压力虽然是一种不好的心理体验，但同时它也是激发人斗志与内在激情的重要因素。如果在生活中，我们能够改变心态，将压力转化为能激发自身激情的内在动力的话，那么焦虑与痛苦便不存在了。

在非洲中部较为干旱的大草原上，生活着一种短翅膀、短脖子的巨蜂。这种蜂体形肥胖臃肿，但是它能够在非洲的大草原上连续飞行约 250

千米，而且，飞行高度也是一般蜂类所不能及的。它们极为聪明，平时就藏在草丛中或者岩石的缝隙中，一旦有了食物后就会立即振翅飞起来。尤其是当发现它们生活的地区将面临极度干旱的时候，它们就会成群结队地迅速逃离，向一些水草丰盛的地方飞行。

科学家们将这种飞行本能极为强健的蜂称为“非洲蜂”，并对其充满了好奇。因为根据生物学家们的理论，这种体形肥胖臃肿而且翅膀短小的蜂的飞行本能应该是最差的，甚至连鸡、鸭都不如；用流体力学来分析的话，它们的身体与翅膀的比例根本不能够起飞，即便将它们扔到天空中去，它们的翅膀也会因为不能产生承载肥胖身体的浮力，然后立即掉下来死掉。

但是，事实证明，这种“非洲蜂”不仅能飞，而且还是蜂类动物中，飞行能力最为强健、飞得最远的物种之一。最终，哲学家对此给出了合理的解释：非洲蜂虽然天资低劣，但它们只有学会极为强健的飞行本领，才能够在气候极为恶劣的非洲大草原中生活下去。简单地说，非洲蜂如若不能飞行，它们面临的处境只有死路一条。

非洲蜂的故事告诉了我们什么叫作“置之死地而后生”。非洲蜂的飞行本领更让我们相信，在一个执着顽强的生命中，只有压力才能产生超强的能力。

科学家说，人在巨大的压力下，身体中会分泌出大量的肾上腺素，可以激发人无尽的潜能，可以促使人跑得更快，跳得更高，力量也会更强，从而做出惊人的壮举。当人处于顺境或宽松的情况下，是不可能突然爆发出这种惊人的潜能与做出惊人的成就的。所以，我们平时的很多成绩都是压力作用下产生的结果。

在工作中，在时间紧迫的情况下，面对着大堆的工作任务，我们常会为此焦虑、担忧。但是，如果你能够转变观念，合理地规划时间，这种压力也是可以转化为工作的积极性的。

李萍在一家著名杂志社工作，两年多来，工作还算是舒心，但是最让人心焦的就是每周的写作任务，必须要在一周内交出一定数量的稿子来，这确实给她带来了巨大的精神压力。但是，后来她发现，这种压力竟然成为了自己工作的动力。

在很多情况下，她自己觉得：在规定的时间内创造的效率在比自由散漫的情况下创造的效率要高得多。比如说，她本打算要用 3 天时间去完成一篇文章，在这期间，她可能会去查资料，搞写作，很是繁忙，但是最终写出来的也不一定能获得主编的认可。如果领导规定她必须要在 1 天时间内保质保量将文章交上去，否则将会被解雇。在这种情况下，压力尽管是巨大的，但她也能够写出一篇精品论文来，也无须去找资料，在极短的时间内反而能够激发出她的灵感来。

很多时候，在“绝境”之中，效率反而要比以前要提高很多。领导对她的要求高了，她的写作水平也自然提高了许多，先前的压力也自然就不存在了。

时间的紧迫原本给李萍带来了巨大的精神压力，但是，这种压力在她内心引起了波动，能够调集她脑海中所有的思想甚至潜意识的力量去完成工作任务，在这样的情况下，她的写作能力当然是要提高的了，这在心理学中被称之为“最后通牒效应”。

其实，人都是有潜能的，只是在平常的情况下发挥不出来而已，如果你能利用工作中的时间压力将自己的潜能激发出来，那么，压力就会成为你工作中的动力。所以，当我们在生活或工作中，因为压力而产生焦虑或痛苦的情绪时，一定要及时地更新观念，不要将压力仅仅看成是我们的仇人，将之看成是激发我们个人潜能的“恩人”，那么，压力就会迅速转化为你挑战自我的动力，最终让你以更为积极的心态去应对工作，最终做出惊人的壮举。

要知道，一个真正勇敢的人，是会时时接纳和拥抱压力的，他们会将压力看成是练就自身意志的机会的，生活给我们的压力越大，就越能够激发出自身的潜能，练就自己的意志、品格、力量与决心，最终成为一个更为卓越的人。

接纳折磨你的人，他们是你成长的助力

在生活中，每个人都曾遇到过别人的折磨，上司的百般刁难、同事的冷嘲热讽、朋友的风言风语……一些人总对这些折磨心存怨恨，最终苦的却是自己的心。而另一些人却学着去接纳它们，在心里与它们和解，他们能够淡定地看待这些所谓的刁难、责怪等，并时时督促自己不断上进，最终成就了卓越的自己。

成功学大师卡耐基说："一个人在饱受折磨的背后隐藏着未来的成功，折磨也是人生所需要的，它和成功一样有价值。"一位哲人也说过，任何的学习，都比不得上一个人在受到屈辱和折磨时学得迅速、深刻和持久，因为它能使人更深入地了解社会，接触社会现实，使个人得到提升与锻炼，从而为自己铺就一条成功之路。如此说来，当我们在生活中遭受到批评、抱怨时，不但不要消极抱怨，以牙还牙，相反我们还要感激那些折磨过我们的人。正是因为他们的存在，才使得我们的生命充满了机遇和挑战，充满了转折和收获。如果你能够以感激的心态去对待那些折磨过你的人，那么，你就不再是一个悲观消极、面对苦难掩面而泣的人，而将成长为一个无往不胜的勇士。

美国独立企业联盟主席杰克·佛雷斯，他从 13 岁开始就在一家私人

加油站工作。费雷斯刚开始想学修车，但是店老板只让他在前台接待顾客，打打杂。

老板是个极为苛刻的人，每次都不让小佛雷斯闲着。每当有汽车开进来时，都会让他去检查汽车的油量、蓄电池、传动带和水箱等。随后，老板又会让他去帮助顾客去擦车身、挡风玻璃上的污渍。有一段时间，每周都有一位老太太开着她的车来清洗和打蜡。这个车的车内踏板凹得很深很难打扫，而且这位老太太极难说话。每次当费雷斯给她把车清洗好后，她都要再仔细检查一遍，让费雷斯重新打扫，直到清除掉车上的每一缕棉绒和灰尘，她才会满意。

终于有一次，小费雷斯忍无可忍，不愿意再侍候她了。店老板却在一旁厉声斥责他说："你不愿干就赶快滚，这个月领不到任何报酬，你自己看着办吧！"小费雷斯心中很是痛苦，回家后就将事情告诉了父亲，父亲却笑着告诉他："好孩子，你要记住，这是你的工作责任，不管顾客与老板说什么，你都要尽力做好你的工作，这会成为你的一笔人生财富。"

在以后的日子中，小费雷斯谨记父亲的话，不管老板与顾客再刁难他，他都会以微笑视之，并努力将事情做好。几年后，费雷斯就凭借自己的各种基本洗车技术以及其在顾客中的良好表现，开起了自己的店面，并最终取得了成功。

其实，费雷斯的成功与他懂得感激那些折磨自己的人有着极大的关系。"吃一堑，长一智"，那些让你吃一堑的人正是给你长一智的客观条件。你为什么不对其心存感激呢？学会接纳并感谢折磨你的人，就注定了你与成功结缘。

在生活中，你是否有这样的感受：你有一个很差劲的上司，你往往会因为他的一句批评或对你的误解，就让你萌生了要获得成功的念头；你的父母可能因为不够关心你而与你之间产生了隔阂，你会因为他们的一句批评从而萌生了要出去做一番事业的念头；从心理学上来说，当你受到打击超过了你心灵所能承受的限度的时候，就可以爆发出一种力量，这股力量会驱使你要向他们证明，你能够成功，你可以做出个样子给他们看。所以说，这个世界上比经受折磨还痛苦的事情就是从来没有被人折磨过。

生活中，每个人几乎每天都会受到折磨，而每一次折磨都代表你又要进步了，所以，我们要对那些折磨我们的人心存感激，因为他们让你能够时刻检讨自己，哪些地方做得不好，哪些地方需要改进，因此让自己变得更坚强，更优秀。如果说，对你好的人是在"帮助你成功"，那么，折磨你的人则是在"逼迫你成功"。为此，我们从现在起，就应该时刻对折磨你的人心存感激，它让你能够得到更为迅捷的发展速度，只有这样，我们才能在折磨中体会到一种幸运和满足，才能使纷繁芜杂的世界变得更为鲜活、温馨和动人。

面对误解，与其让自己纠结，不如学着信任

人与人之间的不和谐，很多时候都源于误解。比如你一句无心的话，却遭到了朋友对你人格的质疑；你因晚上应酬回去晚了，却受到了妻子的责问；你本来是好心想帮同事完成工作任务，却让他误会你要与他抢功劳……因为有误解，所以摩擦、矛盾便不断滋生，烦恼也如期而至。

面对误解，与其让自己在痛苦、烦恼中煎熬，不如学着以释然的态度去信任对方，获得轻松。比如说，你受到了朋友的误解，近段时间常处于纠结中，与其让自己痛苦，不如学着接纳这种误解，让自己相信，你们的友谊之树是经得起这些误解的，如此才能让自己更为释然地再去

面对朋友；而相对于那位误解你的朋友来说，如果他也始终相信你对他并没有坏心，这样他也可以从纠结中解脱。所以说，理解、信任是消除人与人之间误解的最佳良方。

一次，孔子与众弟子们在周游列国时，被困在了陈国与蔡国之间。已经七天了，他们没有找到任何食物。孔子和弟子们只好饿着肚子，饥肠辘辘，有的弟子，心中因此而忧心忡忡。而孔子则每日依旧平静地坚持学习，弦歌不绝，没有表现出丝毫的不满与担心。

子贡见同学们如此饥饿困顿，便用自己身上的财物，突破重围，到外面换了少许的米回来，希望能用来救急。但是人多米少，颜回与子路便找了一口大锅，在一间破屋子里面，开始为大家熬稀粥。期间，子路因事离开，恰好此时的子贡经过，看到颜回拿着小勺往嘴里边送粥。子贡心里极不高兴，但他没有上前去质问颜回，而是走到了孔子的房间。

子贡见了孔子，行礼之后，问道："仁人廉士，穷改节乎?"

孔子回答道："改节，即何称于仁廉哉?"意思是说，如果在穷困的时候就改变了气节，那怎么能算得上是仁人廉士呢?

子贡接着又问："像颜回这样的人，该不会改变他的气节吧?"

孔子则坚定地回答子贡说："当然不会。"

于是，子贡便将看到颜回偷偷吃粥的事情，告诉了孔子。

孔子听后，并没有感到惊讶，说道："我相信颜回的人品，虽然你这么说，但我还是不能因为这一件事情便怀疑他，可能其中有什么缘故吧，你不要讲了，我先问问他。"

孔子召回了颜回，对他说道："我前几天梦到了自己的祖先，想必是要护佑我们吧，粥做好了之后，我准备先祭祀祖先。"

颜回听了，马上恭敬地对孔子说道："夫子，这粥已经不能用来祭祀祖先了。"

孔子问道："为什么呢?"

颜回答道："学生刚才在煮粥的时候，粥的热气散到了屋顶，屋顶被熏后，掉了一小块黑色的尘土到粥里面。它在粥里，粥便不干净了，学生便用勺子舀起来，要将它倒掉，又觉得可惜，于是便吃了它。吃过的粥再来祭祀祖先，是不恭敬的啊!"

孔子听后说："原来如此，如果是我，那我也一样会吃了它的。"

颜回退出了之后，孔子回头对几位在场的弟子说道："我对颜回的信任，是不用等到今天才来证实的。"几位弟子由此受到了深刻的教育，非常佩服。

这个故事已经为我们解决了关于误解的难题，那便是信任。生活中，如果我们始终相信朋友是值得信赖的，情侣间如果相信你们彼此是真心相爱的，如果每个人在对某人某事做出判断时，给自己留一个"信任"的前提去求得真相，那么冲动、愤怒、误解便不可能绑架我们的心。但很多时候，我们宁愿做情绪的奴隶，也不愿意成为信任的主人。

大多数的时候，人们都不可能像故事中的人一样，有机会为你道出真相，有些真相说出来也未必能够被理解。如果你还未了解，请给予别人以理解，如果不能理解，请至少保持沉默。少说一句，便可以减少一次误会与是非。

有一句俗语是说，眼见不一定为真。很多事情并不是你看到的那样，也并非你想的那样。如果你真的关心那些人与事，用心关注和守候，比你因猜忌而使自己愤怒要强。对于那些并没有完整经历过的事情，没有完全了解过的因果，没有完全理解和包容过的人与事，如果你还做不到完全的信任，那么请保留自己的意见。当你想对一些事情置以否定的态度的时候，请告诉自己：与其否定，不如祝福。

心理学家指出，习惯于否定的人，总是置自己于烦恼和痛苦之中。

与其如此，不如默默地为你眼前所发生的事件一个祝福，一切便都会美好起来。

这个世界已经被太多的是非、误会、恩怨所充斥，即便无事，也要生事。希望我们不要在恍然大悟之后，追悔莫及。减少误会、是非、恩怨的蔓延，减少自我的烦恼，痛苦和盲目。眼为心灵之窗，口乃心之门户，让我们用这双明亮的眼睛时刻关注自己的心灵成长，时时祝福外面的世界越来越美好！

换位思考，让心情变美好

很多时候，我们焦虑、痛苦、愤怒往往不是源于问题本身，而是因为我们过度坚持自己对问题的看法而产生的。不同的人在看待事情时的角度也往往呈现出截然不同的模样，你是否能站在他人的视角上对自我观点、自我做法进行审视，是你能否有效地回避痛苦、减少挫折的有效方法。

今年 14 岁的凯瑞问老师："我如何才能成为一个能让自己愉快，也能带给别人快乐的人呢?"

"第一是要把自己当成别人！这样当你欣喜若狂时，把自己当成别人，那些狂喜也会变得平和一些！"老师接着说，"把别人当成自己！这样就可以真正同情别人的不幸，理解别人的需要，而且在别人需要帮助的时候给予最恰当的帮助。最后一句，把别人当成别人，即要充分尊重每个人的独立性，在任何情形下都不要侵犯他人的核心领地。"

这个对话提示了人对自己的认识过程，是一个从自我本位向他人本位转移的过程，而且实现这一过程需要的条件就是换位思考。其实，所谓的换位思考，就是从对方的立场和角度去考虑问题。在现实生活中，需要我们换位思考的问题比比皆是，家长与老师、老师与学生、批评者与被批评者、上级与下级、干部与群众等等。如果你凡事都能换位思考，站在他人的位置上考虑问题、处理事情、解决矛盾，那么，你与他人之间便会多一分和谐，少一分气愤。

《马太福音》中说“你们愿意别人怎样待你，你们也要怎样待人”。换位思考是人类经过长期博弈，付出惨重代价后总结出的黄金法则。没有人是一座孤岛，社会是一个利益共同体。我们不能用自己的左手去伤右手，我们是同一棵树上的叶和果。克鲁泡特金在《互助论》中证明：只有互助性强的生物群才能生存，对人类而言，换位思考是互助的前提。

一位哲人说，大部分时间里，人与人之间的争吵，完全是可以避免的，其万能的法宝就是学会换位思考，让自己经常站在他人的角度去想一想。在我们的日常生活与工作中，难免会遇到意见不同甚至对立的一面，双方应本着商量与探讨的原则去解决问题，唯有如此，能让误会与憎恨减少。

1. 拥有辨别对错、是非的能力。

要进行换位思考，首先要拥有辨别对错、是非的能力。不同的环境、人生观与不同的思维方式甚至于不同的身份之下，都决定了个人思考角度的不同。要想在纷繁复杂的社会中让自己进行准确地换位思考，首先一定要提升个人能力，让自己拥有对与错、是与非的辨别能力，唯有如此，个人才能在进行换位思考时，不至于让自己被各类情绪所影响。

2. 先冷静，再换位。

进行正常的思考的前提是让自己清醒和冷静下来，而换位思考并非在任何一种环境下都能够做到。在正常的情况下，一旦受到他人的观点、看法的冲击，人很容易被情感冲昏头脑。为了回到自己所期望的状态，往往会过度坚持自己的意见——哪怕这种意见本身是错误的。

3. 认识到自我思维的局限性。

所谓的换位思考，即主观地站在对立面的角度去考虑、发现问题或者观点的正确性，避免因为考虑问题的主观性，使自己的观点缺乏客观的普遍性，产生片面的结果或者决策。在思维的主观与客观问题上，你应该明确地认识到自我思维拥有着片面、独断的特点，可能自己的某些想法与思维还存在着不具备现实可行性的思维方式，而换位思考则可以使你观点中的主观性进一步淡化，令你在考虑他人的看法时，进一步全面认识自我观点，使其更容易被普遍接受。

4. 换位思考并非代表全盘接受他人的观点。

当你利用自身智慧与常识发现对方的观点是错误的时候，你完全可以坦然告之，而当你站在对方的立场上考虑问题，并发现对方观点存在的合理性后，再通过这些观点进行整合，则更有利于你获得全面的观点。当你不断地与他人进行观点交换时，你的观点会日趋成熟、日益具备客观性，别人也会更容易接受你的观点。

第四章

在安静的状态下放任你的情绪

——情绪似一匹野马，你越限制它，它就越伤害你

我们知道，掌控情绪最忌讳的一点，就是以压制、忍耐和限制的方法去对待它。所以，要处理好你的内在情绪，最为重要的一点就是要懂得放任你的情绪，随时给它“机会”，让其处于自由流淌的状态。当然，这并不是说让你随意发泄你的情绪，而是让你在安静的状态下，给情绪一个释放的“窗口”。比如当负面情绪袭来的时候，找个地方让自己坐下来进行“冥想”，任由情绪在体内流淌，只品尝和感受，不去做任何的评论。

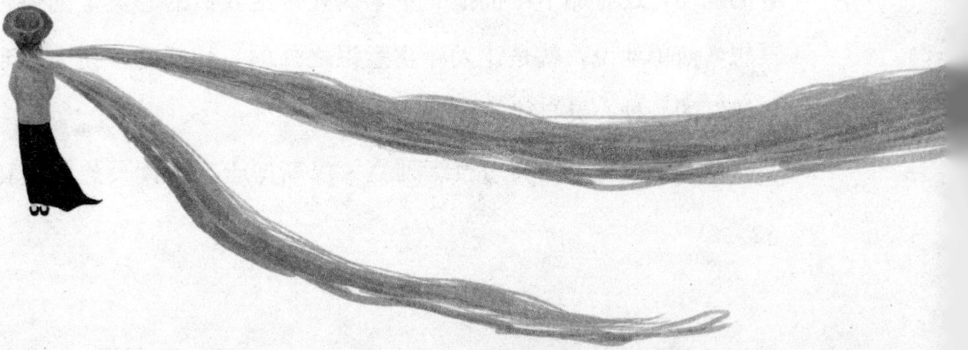

放任情绪：不品尝，不评论

我们知道，很多时候个人情绪的产生，并非因为外界的环境、人或物，而是与内心的感受是否积极或思维方式密切相关。所以，在遇到情绪问题时，应该着重从内部解决问题。当你的心神被占据或者大脑正在飞速转动着各种想法时，你可以让自己立即镇静下来，让自己退后一步，并且“放任”你的想法自由来去：停止你的抗拒，对所有的想法不品尝，不评论。也就是说，我们要做的就是为头脑中的想法开辟一个心理空间，让烦乱的想法可以从容自然地溜进溜出。当然了，要做到这一点，一个极好的方法便是冥想。

西方学者指出，冥想的原理在于：一天花 10 分钟到 30 分钟静坐，将注意力集中到一次呼吸、一个词语或者是一个形象上面，你就可以训练自己将注意力集中到当下的时刻。通过一些简单的动作练习，可以使人告别过去种种不快，帮助人们平衡负面情绪，重新掌握生活。与传统瑜伽的作用比起来，冥想不仅可以有效地锻炼身体，更重要的是它可以平衡人的情绪，从而达到真正意义上的“修身养性”。

冥想是一种意境艺术行为，一个人只有通过实际的体验才能够真正理解其中的奥妙真义。在当下的社会，我们的情绪很容易产生波动：亲情、爱情、友情带给我们的喜与忧，学习、工作、升迁降职带给我们内心的躁动，还有那不可抗拒的生老病死带给我们的心灵上的恐慌……而冥想，简单地说，就是让人停止意识之外的一切活动，使人达到“忘我之境”的一种心灵自律的行为。

西方一位有名的冥想教练列克·汉斯博士在解读冥想的奥秘时说过

这样一段话：

冥，就是泯灭；想，就是你的思维，思虑。冥想就是把你要想的念头，思虑给去掉。可以说，冥想就是除祛心灵污尘，给心灵洗澡的有效方法。我们每天可以抽一点时间，以一个简单的动作开始冥想，整理我们纷乱的思绪，暂时忘却工作，忘掉烦恼，让自己进入一种全新的忘我的境界之中。

可见，冥想就是调整内心的节奏、祛除烦恼，达到一种忘却当下的“无为”境界的一种方法。你可以通过静静地重复呼吸，调整身体的节奏，通过调整身体来调整心的节奏，然后让心的波动飞向那静寂的世界，飞向那广阔无垠的世界，展翅翱翔，这便是冥想的本质。

心理学家也指出，人在冥想过程中，脑波会变得异常地安定，心情也会变得逐渐平和，全身的肌肉就会变得放松，人体内的吗啡、多巴胺等激素的分泌反而会越来越活跃，因此人体的免疫力就会逐渐地加强。另外，冥想过程中，我们会在不知不觉间改善自身那些不好的性格与行为，让自己变得更客观、更安定，更能以积极的态度面对现实世界。同时，在此过程中，我们的记忆力、思考力、创造力也会得到提高。成功的冥想能够有效地清除我们脑子中所有分散精神的东西，包括紧张、不舒服、烦恼、疼痛和恐惧的根源。一位有着几十年冥想体验的练习者说，长久的冥想可以让人产生更高的警觉性，使人的心智更为成熟，拥有更敏感的知觉性。

可以说，冥想是一种心灵的感受，是用心灵的作用去影响身体，调整人内在的情绪状态，是一种健康的生活方式，是一种对生命深切体悟的过程。

在很多人的观念中，冥想就是静坐在一个地方，闭上眼睛，通过有效地调整呼吸，尽力将心灵排空的一种状态。其实，冥想并非是一种方式，而是指人身心达到的一种境界，一种平稳、宁静、舒适的姿势之中，然后将意识集中导向无限的本体之中。聆听身、心的窃窃私语，就能使你自己了解你体内发生的事情。

一个人在这个时候，其意念中所呈现的东西，或许可以让一个人品味出人生、生活的真谛。在这样做的过程中，可以使人处于一种“平和、领悟、安详”的境界。总之，冥想是一种有效调节自我情绪的良方，它所用的时间不会太长，对场地也不会有特别多的要求，是每个人都能做到的一种简单的修身养性的方法。所以，生活中，当焦虑情绪来袭时，请学着开始冥想吧。下面的几个动作就可以让你进入状态，有效地缓解你的情绪：

1. 在一个空间里直坐，双手分别放在腿部。刚开始你的脑子可能乱得像一锅粥，但是，头脑是可以被驯服的，然后你可以将精力集中到一个点上。一个有用的方法就是将你的注意力集中到眼前的一个物件上，缩小你的视野，排除杂念。另外，要集中你的注意力，你可以不断地重复一句话，这样有助于你集中精力。

2. 当你注意力集中后，你就可以进入下一个状态：什么都不想，心无杂念。做到这一点很困难，但行之有效的方法是：每当有什么想钻进你头脑时，你要有意识地将它们抛出去。这一段时间，你就能学会如何排除杂念，使自己不再受思想的控制，开始真正地找到自我。

让人瞬间进入深度睡眠的几种方法

你会因为工作或生活上的焦虑情绪而常使自己彻夜难眠吗？你会因为对未来的各种担忧而使自己陷入不安的情绪中吗？这时你可以尝试以

下的几种冥想法，它可以使你快速入眠。具体方法为：

1. 睡觉时，你可以平躺在床上，双手可以放在丹田上，也可以平放在身体两侧，只要自己觉得舒服就行。闭上眼睛，身体尽量放松，在脑海中想象着自己全身的每一个细胞都彻底放松下来。然后，别再让任何杂念来打扰你，将你的注意力全然放到呼吸上，记得用鼻子呼吸，一呼一吸尽量拉长，在心中默数自己的呼吸，每一口气尽量吸到小腹处。持续下去，你会发现自己很容易就进入睡眠状态了，而且第二天精神会特别好。

2. 这一种属于观想调息法，姿势与上面的相同，进入冥想的步骤也与上面的相同，只是呼吸方式不同，即等身体放松后，开始控制住自己尽量缓慢地呼吸，然后再想象着自己全身的毛孔都张开着，然后想象着天空中出现了许许多多的小光点，它代表着宇宙中最纯正的能量，想象着这些小光点环绕在你的周围，随着吸气慢慢地从头顶百会穴进入，形成一个光柱，随着吸气的节奏，顺着任脉慢慢行进，随着吸气光柱到了丹田的位置，吸的部分结束。然后再开始呼气，随着光柱在丹田位置混合成一个光团，然后分成两股随着呼气的节奏顺足少阴经下行，随着呼气的结束自足底涌泉穴排除。这样就完成了一个呼吸的过程。需要注意的是，在呼吸的过程中，你要用你的意念去控制这些光点或者光柱的运行，慢慢地，放松地进行，想象着构成这些光点的是宇宙中最纯正的能量，它们在体内运行一周会带走身体所有的负面的、污浊的能量，记得在体内运行的时候是纯净的光柱，二从足底涌泉穴排出的是污浊的黑色的东西。

刚开始的时候，会觉得那些小光点和光柱总是不听自己的指挥，别急慢慢来，持续一段时间后，你会很快安静下来，而且随着呼吸的运行，你的身体会微微发热，就算是在冬天也如此，记得尽量控制自己的呼吸，这一种方法对肾的保养作用也很强，同时做完这个冥想后，可以让你扫除脑中一些杂乱无章的烦恼，使你快速入眠。

3. 当你在床上无法入眠时，你可以平躺在床上，双手放在丹田位置，下巴微微靠近胸前，有意识地控制你的呼吸，放慢呼吸的速度，每一口气都要吸到丹田处，无论外部环境如何吵闹，你要将你的注意力集中到你的呼吸上面。然后从太阳穴位置开始放松，用你的意念去放松你的面部肌肉、眼睛、耳朵、鼻子，然后放松你的嘴唇和下巴，放松你颈部的骨头和肌肉，放松你的肩膀和背部，然后是手臂直到每一根手指，放松你的臂部、大腿、小腿，直到感觉从上到下甚至每一根脚趾头都完全放松为止。

这个时候，你的头脑中开始出现鸟语花香的大草原，四处都充满着绿油油的草地，鼻子里闻到的是花香和青草混合着泥土的气息，去听听那些小鸟欢快的啼叫声，你甚至可以看到小兔子在地上欢快地奔跑，如果愿意你还可以尝试着去摸摸小兔子的顺滑的皮毛，张开全身的毛孔去接纳这里每处的生机。

然后，你可以想象着自己坐着白色的云朵飘起来了，而且越飘越高，越飞越远，空气中有许多纯净的水汽，让它们来清洗你的身体，你可以去感觉冰凉的水汽贴在你面上的感觉，然后想象着自己自由的飘荡在云朵中间，不冷不热，然后就开始放松你的身体，你也可以尝试着躺在云朵上面，感觉就像躺在水中，在这个世界中，你完全是自由的，舒畅的。然后，慢慢地让自己入眠。

需要注意的是，这一冥想练习对个人的意念控制力要求极高，你在做的时候一定要慢慢地用意念去控制自己的思维，或者是去想象自己的每一处细节，你想得越仔细、真实度越高，说明你进入冥想的状态越好，你所获得的休息效果也越好，慢慢地，你就可以进入梦乡了。

祛除你头脑中的消极意念

今年40岁的莉娜是一家公司职员，6年前她和丈夫离了婚，不久后她的孩子又在一场车祸中永远离开了她。从此之后她的精神几乎崩溃，她不知道活着的意义是什么，经常感到精神恍惚，有时还会感到莫名的焦虑和恐慌。

对于莉娜来说，她生活唯一有意义的事情便是每天都会把孩子生前用过的书包、书本放在自己的脸颊上抚摸，她觉得那像是在抚摸孩子一般。她总是会观察书包和书本，包括颜色、图画、包括里面写下的每一个字……

终于有一天，莉娜悟出了三个问题：这些物品只是孩子的遗物，它代替不了孩子；沉浸在回忆中并不是爱孩子的一种表现，只会引发她无比的痛苦；保留对孩子的爱，自己去追寻幸福、快乐并非是对孩子不爱的一种表现。想明白这些问题后，莉娜决定不再在痛苦和焦虑中沉浸，她要开始新的生活。

一周后，在一个风和日丽的周末，莉娜来到她曾经经常带孩子玩耍的海边，她捧着孩子的旧物，沉默良久好，终于撒开手，伴着扑上来的海浪，那些东西慢慢地被卷入海中。做完这一切后，莉娜觉得心情轻松无比，将这些代表过去的物品从自己的生活中清除出去，莉娜的内心获得了全新的感受。后来，莉娜又搬了新家，开始好好地面对生活。半年后，她终于再次结识一位异性，一年后，她不仅结了婚，而且还有了自己的小宝宝。

生活中，我们很多人都有过类似于莉娜的情绪经历：面对无可奈何的失去，那种痛苦和焦虑令自己久久无法释怀。尤其是看到那些具有象征意义的物品时，内心就更痛苦不堪。这个时候，你就可以像事例中的莉娜一样，运用意念冥想去消除你内心的消极因素，以新的姿态去面对生活。

其实，每个人在随着时间和场合的不同，想问题和对待事物的态度也是不尽相同的。有时情绪会好，积极性高，不怕困难，愿意付出代价做挑战性的工作，而有时会情绪低落，看什么都不顺眼，浑身没劲，懒得动手和动脑，心存疑虑，幻想得到追求的目标。当我们情绪低落时，就要学会运用冥想法祛除内心的消极意念，让自己重新面对生活。对此，你可以尝试以下的方法。

1. 常用“我能行”的暗示语让自己鼓起对成功的信心。

从追求成功的大目标来讲，只有坚持积极的心理暗示，克服消极的心理暗示，才能取得良好的结果。

某个专门培养企业领导人的学校，校长要求学生在每天出操、上课前都要集体高唱“我能行！我能当个好领导!”只要人们走进这个学校，就可以听到学生们的呼喊声。对此，该学校的校长指出，之所以让学生高唱这个口号，就是让这里的人接受积极的心理暗示，从而培养他们积极和坚强的自信心。培养企业领导人，是让他带领工人搞好生产、追求利润，要是没有“我能行”的信心，还有什么成功可言！

2. 用“我能行”赶跑“我不行”。

大量研究表明，在每个人的意识中都有一个理想的、积极的自我形象，但这个理想的自我形象，并不是总能指导和主宰自己的行为的。因为，它会常常受到另一个消极自我形象的干扰。前者不怕困难、勇往直前，后者遇事畏缩、知难而退。前者自我暗示说：“我能行!”后者则会大唱反调，暗示自己“我不行”。因此，每个追求成功者，都要高呼“我能行”，不断地强化心中那个积极的、理想的自我形象，战胜和排除消极的自我形象的干扰。

著名的意大利男高音歌唱家卡鲁索，在追求成功的道路上，无时无刻不在与消极的意念作斗争，用积极的心理暗示鼓舞自己，所以才取得了演出场场成功的的良好效果。比如，一次在歌剧院的厢房中等着上场演唱时，突然旁若无人地大声叫嚷起来：“别挡住我的路！走开！走开!”身边的工作人员听了，都手足无措，不知发生了什么事情，因为当时并没有任何人挡住他的路。结果，他上场后的演唱，赢得了观众的热烈的掌声。

后来，有人问起他那次出镜前究竟发生了什么事情时，他笑着解释道：“我觉得我内心有个‘大我’，他要我唱，而且知道我能唱好。但另外还有一个‘小我’，他觉得胆怯，而且说我不能唱好，我只得命令那个‘小我’赶紧离开我。”

其实，卡鲁索所说的“大我”和“小我”，其实就是心理上的积极自我和消极自我，但对大多数人来讲可能不大习惯这种方式。这倒没有关系，可以根据自己的兴趣而定。就心理暗示的效果而言，喊出来和默念都是一样的。只要是积极的心理暗示，就会达到相应的效果。

平抚情绪，“修复”疲惫的心灵

一位探险家，到南非洲的丛林中寻求古代文明的遗迹。为了赶路，他雇用了当地人作为向导及挑夫，一行人浩浩荡荡地向丛林的深处走去。那群土著人的脚力过人，尽管他们背负着行李，仍旧是健步如飞。在整个队伍的行进过程中，总是探险家先喊着要休息，让土著民众们停下来等他。

一连行进了三天，探险家虽然体力跟不上，但是希望能够早一点到达目的地，于是硬撑着跟着队伍行进。到了第四天，探险家一觉醒来，便立即催促挑夫打点行李，赶快向前。不料那些土著人竟然拒绝行动，这令探险家很是恼怒。

经过仔细地打探，他了解到这群土著人自古以来便流传着一项神秘的习俗：在赶路时，皆会竭尽所能地拼命向前冲，但每走上三天，便需要休息一天。探险家对于这项习俗很是好奇。对此，当地的土著人告诉他说："这种休息方式是为了让我们的灵魂，能够追得上我们赶了三天路的疲惫身体。"

探险家听罢此话，心中若有所悟。他沉思良久，终于展颜微笑，认为这是这次旅途中最好的一项收获。

探险家的经历告诉我们，凡事都应全力以赴，让自己动起来时，浑身充满了无比的冲动，使得灵魂几乎跟不上这样的动作，这的确是真正用心做事时，最美好的境界。但是该休息时，就应该完全地放松自我，让疲惫的身心，获得完整的复原机会，好让灵魂追得上充满干劲的步调，这也是驱赶焦虑的有效良方。

加尔文说："只要我们能够静下来，并且保持静默，我们生活中的五分之一的烦恼都会不见了。我十分相信，安静是我最难学的功课，我们总是在不知不觉中掉入整天团团慌扰的状态中。不要让自己陷入忙碌的陷阱，忙碌只不过是死神折磨人的伎俩，它能让我们在无尽的忙乱中消耗掉宝贵的生命，有时还会混淆了人生的方向。"不可否认，随着现代生活节奏的加快，"忙碌"已成为现代人生活的代名词，在不断地与时间的追逐中，你的心灵是否已经慌乱不堪，不知所措。这个时候，我们就需要通过冥想让心灵静下来，重新去感受生活的意义。西方著名的冥想教练列克·汉斯博士说："在忙乱中的人通过冥想可以让自己褪去因为闲下来而产生的莫名的罪恶感。"可见冥想对修复疲惫身心的力量有多大。所以，当你在忙碌中感到焦虑或恐慌不安时，那就闭上眼睛学着去冥想。刚开始你的情绪可能会剧烈地起伏不定，但是只要按照以下的冥想步骤去做，你一定会慢慢地平静下来的：

1. 准备阶段：平抚心情。

找一个安静的地方，坐在靠背椅子上面，挺直你的腰板，双脚分开，宽度约与肩部相同，并且自然垂于地面，眼睛半睁半闭，视线落在前方1米左右的地方，口中默念"心平气和"四个字，慢慢地你就能让心灵从慌乱的状态中平静下来了。

2. 第一阶段：重感训练。

这一阶段着重训练你的"重感"，以让身体达到轻松的状态。所谓的"重感"即是感觉到有一种重量。感觉重量的地方是双手双脚，先手后脚，比如有节奏地默念道："左手重"——"右手重"——"左脚重"——"右脚重"。节奏要迟缓，要缓慢平稳，这样你的手脚就能感受到沉重，想抬都抬不起来，反复训练几次后，身体就会感到放松。

3. 第二阶段：温度训练。

所谓"温感"即让身体感受到温度。依上述的训练，在心中反复默念："手脚温暖"——"手脚温暖"，于是，你的手脚慢慢地就会产生温暖的感觉。这样的感觉，会有效地促使体内的血液循环顺畅，使全身都充满氧气，同时驱动体内分泌松弛因子，从而使全身达到放松温暖的感觉。

4. 第三阶段：心脏训练。

心脏跳动节奏的平稳度决定了一个人情绪的波动状况。所以，在冥想中也要注重心脏跳动节奏的调节。因为人心脏的跳动是不以人的意志为转移的，所以在冥想中通过默念“心脏跳动平稳均匀”，来对心脏施加一些影响，促使心脏的节奏跳动均匀，从而使情绪得到平抚。

5. 第四阶段：呼吸训练。

通过调整呼吸也可以使人的情绪得到平抚，所以，有意识地对你的呼吸施加影响，可以促使血管扩张，加快血液中激素的产生与流速，从而使人体产生愉悦的感觉。

6. 第五阶段：腹部训练。

此阶段的训练目的是调节肠胃、肝脏、胰腺等内在功能，从而获得身心的松弛。在这个阶段训练时，我们可以默念“肚子暖和”等暗示语，促进体内的肠子慢慢蠕动，从而使整个身心放松。

7. 第六阶段：额部凉感训练。

古代医学界常有“头寒脚热”的说法，所以，让面部和头部感觉凉爽对身体是十分有益的。做这个训练时，你可以默念“头部凉爽舒适”，慢慢地，你的额头就会产生凉爽感。

以上的冥想步骤可以使人在短时间内身心恢复平静，长期坚持，会让你受益无穷。

正念冥想：激活肌体中蕴藏的“正能量”

杰克是美国一家铁路公司的一位调车员，他工作认真而负责，但有一个缺点，就是对自己的人生很是悲观，经常以否定的眼光去看周围的世界。

有一天，下班后，其他同事都是急急忙忙地回家了。不巧的是，杰克不小心被关在了一辆冰柜车里，任凭他如何努力，总是无法把门打开。

于是就在冰柜中拼命地敲打着、叫喊着。可因为除他之外全公司的人都走完了，没有一个人来给他开门。杰克的手敲得红肿，喉咙喊得沙哑，也没有人理睬，最终，只是绝望地坐在地上喘息。

他想：冰柜中的温度如果在零下20摄氏度以下，在里面待不了多久，便一定会冻死的。于是，他愈想愈可怕。最终，只好用发抖的手，找来纸和笔，写下了遗书。在遗书中，他这样写道：在这么冰冷的冰柜中，我一定会被冻死的，所以……第二天当公司的所有职员都打开冰柜时，就发现了杰克的尸体。同事们感到万分奇怪和惊讶，因为冰柜中的冷冻开关并没有启动，而这巨大的冰柜中也有足够的氧气，在这样的情况下，人不应该被冻死的！

最终的尸检报告也显示，杰克并非是死于冰柜中的温度，而是死于他心中的“冰点”。因为他根本不敢相信这辆一向轻易不会停冻的冰柜车，这一天恰巧因为要维修而未启动制冷系统，颇具盛名的他，根本不敢相信使他连试一试的念头都没有产生，而坚信自己一定会被冻死。

一个悲观的人，其“自我内在”是非常幼稚又虚弱的，这样的人极容易被“消极的暗示”所占领和统治。在某些特定因素的刺激下，他会认为自己不如别人，无法赶上别人，从而就进行自我否定，事事都自惭形秽，最终一败涂地。这种现象便是心理学中常说的“消极暗示效应”。一般悲观的人总是会自怨自艾而生出病来，严重的可能会导致最终的死亡。与之相反的就是积极心理暗示。所谓的积极心理暗示，通俗地说就是坚信自己一定能行，一定能够办好自己想做的事情，一定会顺利地完成任务，一定能够实现人生的目标，让人充满无限的自信！拥有这样的信念，就能跨越一切障碍、险境和困难，最终走向成功。

其实，无论是消极的暗示，还是积极的暗示，都属于冥想法中的一种。那些积极的心理暗示，我们称之为“正念冥想法”，它是利用积极的暗示语来扫除和调节自我情绪的冥想法。正念冥想能改善人体的健康状况和幸福感。它能有效地激活肌体的正能量，从而驱赶压力、焦虑、绝望等负面情绪，能有效地增强神经内分泌系统和免疫系统的功能；减少药物治疗的需要；改变对疼痛的觉知；培养社交联系与丰富的人际关系。所以，在生活中，当你感觉自己失去信心、垂头丧气、沮丧抑郁、对未来感到焦虑不安时，可以采用积极的心理暗示语来驱散内心的负面情绪。

你可以在早上刚睡醒的时候，利用几分钟时间，想想自己的暗示语。比如，你近期的工作目标是什么，你要解决好生活中的哪些难题，尤其是针对当天要做的事情进行一下暗示："我一定要办好某件事!""我一定要解决好某个问题""我一定要完成某项工作!"等等。请记住，这种暗示要在起床前进行，不要等到起床洗完脸后再进行，因为洗过脸后，你的显意识便开始复苏，暗示的效果就会变得弱小。

正念冥想用处极多，范围极广。但是在刚开始进行时，往往效果并不明显，这也并不奇怪，人的心理调整不是一蹴而就的。要把原有的心理活动纳入自己所预期的轨道，是需要拥有较强的心理约束力，也是需要一定的时间的。所以，生活中千万不要因为自我暗示的一时效果不明显，或者想暗示而暗示不了，就灰心丧气。正所谓"万事开头难"，自我暗示的效果是一个由小到大，逐渐增强的过程。刚开始运用它可以驱散消极情绪对你的困扰，而到一定时候，你就会发现你的个性开始变得积极、乐观起来了。

当然了，在运用正念冥想时，要牢记以下五大原则：

1. 简单。你给自己制定的暗示语要简单有力。比如：我会越来越富有。

2. 积极。语句中最好别出现消极的暗示语，比如'我不会再无能"，"无能"这个词是消极的，长时间的运用它，就会深深地印在你的潜意识中。因此，你要正面地说：“我会越来越优秀!”

3. 信念。你的暗示语中要有“可能性”。比如你觉得“我今年一定要赚到100万”，这种暗示语因为离你的生活很“遥远”，所以很难起到激励作用。你可以说：“我今年一定要赚到10万元。”

4. 预想。你在默念你的暗示语时，在头脑中一定要显现预想的生活的样子。比如，你想让自己当上公司的高管，你可以预想自己成为公司高管的样子，这样更能激发你的肌体中的正能量。

5. 情感。预想自己有健康的体魄，你要有浑身是劲的感觉；预想自己升职加薪，你要拥有升职加薪后的感受。也就是说，在你默念积极的暗示语时，要将自己的情感注入进去，否则只是嘴中念叨是不会有结果的，你的潜意识是依靠思想和感受的协调去运用的。

切断“自我”与“烦恼”之间的关系

生活中，你是否总因为别人的一句难听的话而烦恼？你是否只愿意诉说而不愿意倾听，在别人打断你谈话的时候感到难以忍受？是否会因为自己的固执而与别人发生意见方面的冲突？……其实，这些情绪的产生，主要在于太执着于“我”。对此，我们可以尝试一下“忘我冥想法”。在做这个冥想训练的时候，你要尽力降低内心“我”的感觉。当你真正地摆脱自我，与这个世界联系在一起时，你就能更为平和地看待周围所发生的一切，不会欢悦，亦不会忧伤，这样就能切断“自我”与烦恼的联系了。

对此，你可以尝试这样的训练：

1. 学着去解读自己。

生活中，我们对自我的情绪其实一直都是有喜好，有要求的：希望快乐能永驻，烦恼、焦虑远离，最好永远别登门才好。高兴的时候，我们是如此的喜欢与赞赏自己！而痛苦、忧伤的时候我们又是如此地烦恼自己。你从来没有无条件地理解过自己，又如何去奢望别人能理解你呢？所以你看自己不好时，也会看别人不顺眼，所以，冲突和焦虑便来了。要想内心恢复平静，就要学着运用冥想法去解读自己。你可以尝试这样的练习：

找一个安静地方坐下，闭上眼睛，仅仅作为一个观察者，不带有任何评判，纯然的去观察你的情绪和思维。让思维像放电影一样在你的脑海里流过，你一直像个局外人一样，只在那里看着它，感受它就行，没有好坏对错的评价。在里面待着，仔细看看痛苦具体是什么样的，痛苦时你的身体有什么样的反应。你哪儿最不舒服，就首先观察和感受身体的哪个部位，仔细体会这个不舒服（或疼痛）的感觉。沉静下去，细细地体会你全身每一寸肌肤、每一个细胞的感觉。

坚持做下去，你的灵魂就会相信，不管你现在是怎样的状态，你对自己的爱始终在那里，不多不少，不增不减。

2. 跳出自己的角色去观察对方。

找个幽静的地方坐下，努力跳出自己所处的角色：你是无任何身份的观察者，然后再试着去与人进行接触，你会发现不管是社会地位比你高或比你低的人，某种技能比你好或比你差的人，你和他都是平等的。当你以旁观者的眼光去评判某件事的时候，你会发现对方身上有诸多你以前从未察觉的好品质，这时你的心情便能释然了。

可以试试下面的想象冥想：

在你和上司（或老板）说话时，看着他的眼睛，心里想象自己不再是他的下属或员工，你是一个和他没有任何关系的人，你头脑里没有任何可认同的身份，你心里不再有惧怕他，想要讨好他的感觉，只是纯然的去看着他的眼睛，听他说话，观察他的表情，任由你本能的情感和动作流出，说你想要对他说的话。你会发现，其实你的上司或老板是一个挺有魅力的人。对此，你与他的种种不快也便会消失了。以此类推，你也可以对身边的亲戚朋友做这个练习。你的人际关系会有一个良好的改善，你也会不再因为与他人发生冲突而郁郁寡欢了。

用想象冥想祛除自卑，重建自信

生活中，自卑也是造成人焦虑的主要原因，比如社交焦虑、考前紧张、因为多疑的个性而带来的诸多焦虑等，皆是因为内心的自卑造成的。所以，要远离焦虑，就要先移除内心的自卑情绪，重建自信。

心理学家指出，许多人之所以常陷入自卑中，皆是因为内心深处无法确立充满自信的“自我”，不能从“我”的立场自在地调度观念事实，是一种心态的内弱病症。为此你可以用想象冥想训练进行自我扩张，暂时切断内心与外界的联系，暂时洗净一切外在的标准和旧有自卑的心理痕迹，凝神一点，渐渐使全身心只有一个自信，甚至是目空一切的“我”。

明治年间，日本有一位武术高手，这位高手体格健壮，武艺精良，私下里较量曾经打败无数武术界高手。但是每逢公开登台时，他却笨得连他的徒弟都可以将他击败。这位高手很苦恼，便去向一位禅师请教。禅师见面后便问他：“你今晚就在庙中过夜吧，在睡前，你可以进行冥想训练，你要将自己想象成一波巨大的波涛，不是一个怯场的练武者，而是那横扫一切，能吞噬一切的巨浪。”夜晚，这位武术高手便开始坐下来冥想，尝试将自己想象成一波巨大的浪涛，扑面而来。起初，他的思绪如潮，杂念纷纷。不久，他心中便有了较为纯一的波浪涌动感，夜愈深而浪愈大，浪卷走了瓶中的花、佛堂中的佛像，甚至连房屋都被大浪吞噬……黎明前夕，只见海潮腾涌，庙宇也不见了。天明之后，这位高手充满自信地站了起来。也就是从这一天起，他成了全日本战无不胜的武术高手。

诸多人的自卑拘谨，多源于对外界实际反馈的担忧，或是被与任务无关的纷纷思绪占据心潮。若能运用想象冥想法暂时切断与外界的联系，滤除杂念，清空心灵空间，“自信”必然会乘“隙”而入来扩展甚至占据空间，“自信”经扶持而渐渐强大后，人也就不会陷入自卑和羞怯了。生活中，类似于上述事例中那位武术高手那样的想象冥想训练的内容有：海潮、入潮、大风、大火、高山、领袖等。要想摒除自己的一些不良的个性或习惯，就要能运用一些积极的引导力量来进行。

用暗示冥想法来调控你的情绪

一位心理学家说：“我们的一生好比是一条漂浮在海面上的小船，我们都在努力奋进，让自己生活得更美好，可是，有很多人都没有意识到，我们不仅是漂浮在海面上，更是漂浮在巨大的洋流上，如果你意识不到这一点，即使你再努力，也可能会偏离方向。”这说的就是潜意识的作用。潜意识不仅能决定人生的航向，更能有效地调控和平衡人的情绪。

生活中，潜意识的作用已被人们所接受，比如明天要参加一个会议，你告诉自己明天早上要早点醒来，千万别迟到。第二天早上，闹钟还未响，你便能醒来。在此之前，你向来可以一觉睡到大天亮的。这就是“千万别迟到”这种念头在无意中起了暗示作用，然后通过自律神经系统来控制你的睡眠，这种现象反复强化，便能建立一套条件反射，通过身体的反应自由地控制你的睡眠和苏醒，这一过程也是冥想的过程。生活中，它也可以用来调节和平衡人的情绪。

一位以写悲剧而著称的作家，曾经十分沮丧地对心理医生说：“我一生中所经历的每件事情，都是一个悲剧。我失去了健康、财富、亲人和爱人。每一件事情一旦碰到我，就一定会出现这样或那样的毛病。”

心理学家耐心地对他说：“首先，你要将你的悲剧故事与生活彻底分离开来。在你心中，你该建立一个大前提，那便是你的潜意识的无限智慧会引导、指导你，让你在精神和心智以及物质各个方面，都向着美好的方向发展。然后，你积极的心态就会自动在你投资、健康等各个方面给予睿智的指导，让你恢复心灵的平和与宁静。”

这位作家接纳了心理医生的建议，开始对自己的生活进行重新规划。每写完一个悲剧故事后，他都会将“自我”从故事中抽离出来。然后，他会在本子中写道：“潜意识会给我无穷的智慧，让我拥有完美和健康和富足的生活。正确行动的原则和潜意识的力量，将改变我的全部生活，我知道我的大前提是置于生命的永恒真理之上的，而且我知道，并且相信我的潜意识，会因为我的想法给我带来十全十美的答案。”

之后，这位作家告诉心理医生：“这种方法真的很奏效，这些话，真的潜入到我的潜意识中去了，并让我的生活有了极大的改变。”

如今，这位作家已经从焦虑和痛苦中解脱出来，拥有了令自己满意的健康、财富以及快乐的生活，而这一切都是潜意识所带给他的。

可见，暗示冥想法对情绪的调节和平衡作用，也是潜意识的作用，它能有效地调节我们的情绪。因此，在我们心情糟糕时，千万不要对自己说“生活太艰难、烦恼真多”等消极的暗示语，这样你就等于拒绝了潜意识对自我的调节作用，那你的心情肯定会越来越糟糕。

心理学家指出，潜意识不会与你争辩，也不会反驳你，如果你将消极的想法传输给你的潜意识，你的潜意识便会根据这些想法产生相应的反应，而这样的结果就是在阻挡你自己走向更好的方向，你的生活也会变得更糟糕。如果你想实现自己的愿望，你就要向你的潜意识提出正确的要求，获得它的合作和帮助。潜意识有它自己的心智，它也会接纳你的想法和意念。其实，潜意识对人的情绪起调控作用的过程，就是暗示心理的过程。生活中，当你处于焦虑状态时，就要学着用这种方法来调控你的情绪。当然运用这种方法，必须讲究放松技巧，依照命令放松你身上的每块肌肉，一般的方法是从脚尖开始的：

1. 放松右脚的脚趾尖，然后脚踝、膝盖、大腿、肠、心脏、肺、颈部，这一部分肌肉放松之后，换左脚。

2. 放松右手指尖，依次为手腕、手肘、肩部，这一部分的肌肉放松之后，换左手。

3. 然后是下巴、鼻子、耳朵、眼睛，也依照这个顺序放松。

这一放松练习在反复多次之后，就能自如进行，全部过程只需要 30 秒的时间，随时随地都可以做，如上下班、饭前饭后、睡前睡后，都可以练习。

仁爱回归冥想：让爱与善重新浸入你的心灵

生活中，你是否会因为嫉妒他人而生出许多不快乐来？你是否会因为无法体谅别人而恼怒不堪？你是否发现自己已经无法再相信别人，内心总被猜疑所占据着？你的内心是否充满了自私、记恨等让自己不快乐的因素？上班路上看着马路上一张张陌生且冷漠的面孔，你是否难以感受到谦让、关怀和善意？如果你有以上的情绪体验，那么就说明你内心的“仁爱”之意已被驱逐出去，这个时候你可以尝试一下“仁爱回归冥想法”，它能将你暂时缺失的“善良”找寻回来。在这个冥想训练中你能感受到全身心都被爱与善所包围，从而让善良、大度、乐于付出等美好的品质回归你的心灵，成为你人生的力量，同时，这种善意还会感染和影响你周围的人，让所有的人都能沉浸在爱与美好的氛围中。

接下来，你就依下面的步骤进行有意识地训练吧：

1. 找个安静的地方坐下，无论什么坐姿，只要感觉自己舒服就好。然后闭上双眼，做几次深呼吸，尽量让全身的肌肉都放松下来。呼吸一次要比一次深，每一次都尽力要比上一次吸进更多的空气。

2. 集中精力去体验你的每一次呼吸，然后你被人爱的感觉，这个人可能是你的朋友、家人或者爱人等。尽力延长这种感觉，感受这份爱随着你的呼吸进入你的身体，感受这份爱在你心中所滋生的美好，这时，这份爱已经变成你内在的一份纯粹的爱了，并且它已成为你生命的组成部分。

3. 尽力将这份爱在你的周围进行扩展，让它将你周围的人，可以是陌生人还可以是你熟悉的人，尽力感受这份慷慨大方的仁爱带给周围人的快乐和幸福的感觉。你可以将这种仁爱幻化成一道光芒，或者一股暖流，或者一阵暖意，随着浪涛不断地向远方扩展，将越来越多的人包容进来。

4. 感受这种仁爱不断地向外扩张，甚至开始触及到那些曾让你嫉妒，甚至恨的人，这份仁爱之意有着自己的生命和力量，它能带给所有人快乐和幸福。这份仁爱能让你清楚，这些人本质都是善的，只是因为其他的因素影响了他们，才使得这些人去找你的麻烦，让你痛苦、不快乐。或者是因为他们太优秀，才让你生出了嫉妒之心，他们本质上是仁爱的。

5. 继续扩大这份仁爱带给你的满足与力量，让它无尽地向远处扩张，包容了你周围所有陌生或熟悉的人，他们是如此地快乐和幸福，无论你是否同意或否认他们的观点或价值。

6. 随着呼吸去尽力地感受这份施予仁爱所带给你的满足感和幸福感，并让它随着呼吸进入你的体力，感受它慢慢地浸入你身体的每一个细胞。尽可能地将这种感觉持续下去，1 分钟、2 分钟、5 分钟，随即，再慢慢地睁开眼睛，你就会发现你的周围充满了仁爱之光，它已幻化为一种支撑你生命的力量，你感受到周围的一切都是那么美好，所有的自私、冷漠、嫉妒等负面情绪全都烟消云散了。

定力冥想：安抚你烦躁不安的心绪

生活中，你是否会默默抱怨，觉得处处充满了不公，周围人的言行都让看不顺眼？你是否因为太过忙碌而觉得平时简单的工作都理不清思路去完成？你是否因为他人的不安而感到不安，因为他人的不满而感到焦虑？

每个人都生活在忙碌中，身心难免会处于混乱、不安的状态，负面情绪也时不时会来扰乱我们，周围一点点的小事就有可能会引爆我们愤怒的神经。尽管你告诉自己不能动怒，但结果还是被情绪所控制。这个时候，你需要运用“定力冥想法”来安抚自己烦燥不安的心灵。

1. 找一个安静的地方坐下，闭上眼睛，花几分钟做深呼吸，尽量使自己的身心放松，梳理一下自己凌乱不堪的思绪。随后，你可以将注意力放在肚子上面、胸口，或者是嘴唇上面，感受它们随着呼吸一起一伏的状态。

2. 集中注意力，眼前尽力展开这样一幅图景：蓝蓝的天空、白色的云朵、碧绿的草地、带着香甜气味的空气，你屹立于其中，风徐徐地在向你吹来，周围的一切都是如此安静。仔细体会此时内心的自在、轻松和安宁，平静地感受其中的美好，让你的意识变得越来越稳定，越来越安详，越来越冷静。

3. 在轻松和愉悦中，慢慢地开始静观自己以往所经历的情感色彩，无论是愉快的还是不愉快的，都要带着一种不偏不倚的心态，去体验心头升起的各种想法和感受。

4. 将你周围熟悉的人也“推”入你的世界中来，想象他们会怎么说，并倾听他们的看法，但别让这种想法影响你当下的意念。

5. 在倾听、体会和思考的时候，注意各种想法和感受附带的情感色彩，看它们是愉快的还是不愉快的。

把自己当成一个旁观者，体会它们来来去去、变来变去，它们和真正的幸福感没有任何联系。别认同它们，也别和它们混在一起。事实上，人们需要使用它们，但是没人需要拥有它们。

6. 在轻松中体会这些感觉，任它们来来去去，别做任何的反应。体会自己正渐渐与它们脱离，渐渐地，它们似乎已与自己再无干系。

7. 在一呼一吸间，自由自在地体验，不断地进入更深的层次，尽你最大的可能去体验那种自由、满足和宁静的极致。

8. 此时，你可以睁开眼睛，将你眼睛所看到的全装都装入“宁静”之中，无论看到什么，都不带任何偏好和将其装入你的意识空间中，无论这是愉悦的也好，不快的也罢，中性的也好，不做任何的反应。

9. 冥想结束后，可以试着伸一下腰身，活动一下筋骨，体验下刚才的感受，并不做任何的偏好，无论那种感觉是快乐的、不快的，都不要去评价。

在接下来的时间中，你便可以感受到这个冥想训练带给你的平静和安详了，你头脑中凌乱的思维开始回归理性，你可以很淡然地对待周围的人与事了。

第五章

专注自我，你可以不被任何事情掌控

——祛除干扰，做最本色的自己

人的烦恼就在于：忘了自己的事，爱管别人的事，担心老天的事。所以要祛除烦恼，避免外在世界的干扰，就要懂得专注于自我，即只关注自己内心的所思、所想，全然地按照自己的理念或想法去做自己想做的事，这样才能屏蔽外界的一切干扰，不为他人的意念所左右，更不会因为他人的无理而置自己于烦乱之中，也不会总在鸡毛蒜皮的事情上纠缠不清，这样才能全身心地在自我的世界里做自己，集中所有的能量去成就卓越，取得成功。

专注自我，其实就是做本色的自己。即在你的世界里，你是你内心世界的王，在你的王国里要有法律，这法律便是你所坚持的原则。一个本色的人就是绝不做原则不允许做的事情，让自己的内心和行动保持最大程度的一致。

本色可以让一个人保持在最舒服、最放松、最自信的生活状态中，这种状态可以最大限度地激发一个人自身的能量，甚至可以让其超水平发挥，做出一番大的成就。要想保持本色，实际上就是把握自己的个性，认识自己的缺点，发现自身的优点，将自己的独特个性和优势充分地发挥出来。

专注自我，别让你的能量被外界分散掉

将全身所有的能量集中于一个点上，才能发挥强大的威力将对手击倒，这是中国功夫的精髓所在。同样的，要想在一件事情上获得成功，也需要你能集中能量。而生活中，多数人的内在能量却是涣散的，这也是导致他们劳累、疲惫、痛苦、烦恼与不快的主要原因。比如，你是否总是在意别人对你的评价？会不会因为别人的一句无心的话而打乱自己的生活节奏？是不是很容易受外在环境的影响，比如工作、居住和生活环境等？你的精力很容易因为外界的事或物而被分散。比如，你满怀欣喜地穿着一件漂亮的衣服上班，但刚走进办公室，便听到有同事说，这衣服跟你的气质或肤色毫不相搭，于是你开始郁闷至极，整整一天，你都无法打起精神应付工作，并且越来越觉得自己因为穿错了衣服而变成了小丑。

这其实并不是你所希望的结果，但我们会轻易因为他人的一些言论而改变自己的内在的精神状态，分散自己的精力，致自己于做事不在状态的情况，这种情况还常常出现在工作中。当你面对一脸严肃的老板时，自己不知不觉间便会觉得压力倍增，连本想好要说的话，出口便变得结结巴巴，因为你看到对方皱起的眉头会担心，我的工作是不是出了什么大问题，我刚才是不是说错什么话了？

有些时候，你很想好好地开展一项工作，却又担心同事会用异样的眼光看你。或是在做某件事情之前，你总是左顾右盼，担心不合老板的意思。最后，不仅没有将工作做好，还让自己整天生活在极为压抑的状态中，急需突破或者改变。

卢珊是一名都市白领，在与丈夫结婚后积累了几年的工资买了一套二居室的房子。房子是他们精挑细选后定下来的，两人住进去后感觉十分舒适而且方便，心中开心极了，那段时间，卢珊的脸上总是挂着幸福的微笑。

但是没过多久，卢珊的一位同事也买了一套房。装修好后，朋友打电话让卢珊到家里参观。朋友的房子地段好，而且房子面积还很大，里面的装修也很高档。卢珊从朋友家里回来后，脸上再也没有笑容了。她原本的好心情已经被朋友的“更好”的房子给冲击掉了。

当你的思想或情绪受外界所影响时，说明你内在力量处于极为涣散的状态，你内在的定力不够。就像卢珊一样，她本来沉浸于自己的小幸福中，但是因为看到朋友有比自己更好的房子后，心中所有的快乐和幸福便消失了。而如果她只专注于内在的话，比如她想，自己的房子是自己付出了诸多的艰辛换来的，它是自己努力的见证，对自己有着特殊的意义，跟任何的房子都不同，那么，她也就不会因为别人的言行或“更好的房子”而郁闷了！也就是说，当外界对你施加影响的时候，你要懂得去审视自己的内在，而不是被别人牵着鼻子走。比如，你刚到一家新公司，发现部门的同事工作起来都不那么认真，而你却想好好地干，并且很想受到领导的重视。于是，面对问题，你总是能冲在最前面，在会议上，你也总能够积极发言，对工作提出有价值的意见。这时，你周围的同事可能会说：“新来的菜鸟，拼命地在领导面前表现，难道是想尽快地爬到我们头上去!”这种风凉话一出口，如果你是个内在定力不足的人，那么你可能也就无法专注于工作了。而内心强大者，则不会受这些外在议论的影响，他们还是会把精力全部放在工作中，毕竟这是自己未来得以生存和发展的基础。要知道，为公司或企业创造价值，是一个员工得以立足的根本。

你可能会说："完全不顾及外在的声音而专注于内在的自己，真的很难做到。毕竟那些声音总是出现在耳边。"但是你需要知道，改变自己的过程，是需要毅力和勇气的，如果你可以坚持下去，那么你的内在将会变得异常的强大，最终你也会变成真正独立的、全新的自己，你完全可以任意地自由支配自己的意愿，跟随自己的内心的真实想法做到"知行合一"。否则，你也可能在别人的"眼光"中，沦为平庸者，或者一败涂地。就像赛跑一样，如果你总是关注其他队员的情况，是极难获胜的，只有沉浸在自己所营造的"氛围"中，注意平衡节奏，才可能冲在最前头。

精力达人，都会主动避免坏情绪的干扰

生活中，那些身上挂着所谓的"精力达人""高效精英""工作红旗手"之类的隐形牌匾的人，都是具有良好情绪掌握力的。他们只活在自己的世界中，只专注于自我，不会将自己的精力浪费在无关紧要的事情上面，在任何情况下，都会主动地避免干扰，以百倍的专注力去完成既定的工作。

在工作的五六年时间里，刘寅在单位被人称为"精力收纳狂"。在他离开第一家公司时，老板曾对他三度挽留；与第二家公司分道扬镳后，经理用三个人填补他原先的岗位空缺；在当下的单位中，他也被同事称为"高效达人"。

除了顺利地完成当天的工作任务外，刘寅每周都会保证自己阅读3～4本书，大部分工作日下班后就直接奔菜市场买菜做饭；他想健身，因为没时间去健身房，所以就在家里置办了跑步机、健腹机等健身器材，可

以抽出更多的时间来锻炼。尽管每天都会加班，但是他还是会控出时间去博物馆当志愿者。很多同事曾问他精力为何总能分配得那么好，刘寅说：在任何时候都别让无所谓的事情去分散你的注意力，耗费你的精力，具体来说，他会把淘宝网页设置成受限站点，上班时间不要网购；在做需要注意力高度集中的重要任务时，把手机都调成飞行模式；路过茶水间的妈妈帮、相亲团聚众闲聊时，不宜久留；业余时间做自己喜欢做的事，累计的正能量是他度一切苦厄的硬通道。

事实上，成就大事者，都是不轻易浪费和耗费精力的人，他们能合理地分配时间，有极高的情商，能很好地控制自己的情绪，不会因为情绪问题而置自己于焦虑、忧虑、担忧和痛苦中，他们只将专注力放于"当下"。

真正重要的从来不是努力做什么，而是沉下心来，避免干扰，去做好一件事。要知道，一个人一生的时间和精力都是有限的，专注，有时候比努力重要 100 倍。

生活中，我们总是感慨他人所取得的成就、头衔、名目，而一心想要追逐，幻想着有朝一日也如他那般耀眼夺目。而其实，鱼与熊掌，不可兼得。你想要的越多，会失去的越多。一辈子能做的事本身就不多，我们千万不要因为情绪问题而干扰自己的精力。

其实，那些不凡者，之所以能够成就大事业，主要就是依靠一种乐观且稳定的情绪定力。

新东方董事长俞敏洪说："企业实力弱，创业者经验不足，不能很好地处理一些困难，这个时候如果创业者的情绪不够稳定，就容易影响军心。"

百度董事长李彦宏说："想想这十几年以来，我自己生命当中，经常说的就是认准了就去做，不跟风，不动摇，同时对自己要有清晰的判断，一个人应该做自己最擅长的事情，同时也做自己最喜欢的事情，这样的话，做成的概率会很大。”

企业家黄怒波在谈到自己成功的经验时不无感慨地说：“其实，我并不是一个天生的成功者，许多人都比我更聪明、更有才华。我唯一比他们强的只不过是我更容易控制自己的情绪罢了。我很冷静，从不为那些情绪化的事情浪费时间和精力——我的意思是说，我享受不起那种感伤。”

著名企业家王志东说：“碰到低谷的时候，其实很重要的是考验自己的信念。坚持住了，你就成功了。”

……

“坚持”“稳定情绪”“认准就去做”等等，这些都是高情商的重要体现，正是这些品质和精神造就了他们人生的不凡。

一个人能否取得巨大的成就，其中一个最为重要的因素就是能否保持镇定、集中精神，让大脑时刻处于井然有序的状态，即便是面临再大的危机也是如此，其实这就是所谓的“情商”。从小的角度来说，这种精神状态可以使你最大限度地释放你的能力，帮助你解决眼前的困难和问题；从大的角度上来说，良好且稳定的精神状态能帮你找到人生轨迹，使你全身心地专注于你的事业和研究，所以，如果你想成为一个不凡者，就要学会合理地掌控自我的情绪，避免不必要的干扰。

别因为他人的看法，而捆绑了自己的手脚

今年刚从一所名牌大学毕业的张涵在一家电视台做实习编辑。她的目标就是顺利地通过实习，然后成为其中的正式员工。在接下来的三个

月时间里，她每天都表现出很努力的样子。每当上司交给她一个任务，她都会绞尽脑汁去完成，但结果却总是差强人意。

一次，上司交给她一项任务，要求她去完成。她经过苦苦思索后，完全按自己的想法做出了一个自认为还不错的方案交了上去。

可是上司却对此方案不满意，便对她说："想法不错，但是执行成本太高""这个地方，这种错误不该犯的"……经过一番痛批后，便要求张涵继续修改。对于张涵来说，领导的批评已经使她对这个方案的继续投入的激情已经减了一大半。接下来，她在修改方案的时候，总会不时地想，上司会不会觉得我特别笨啊？到实习结束的时候，她大概是不会让我留下了！我是不是真的不适合做这项工作？……她的脑中已经完全被恐惧所侵占，已经没有心情去全身心地研究工作方法这件事情。

随后，张涵按照上司的意见，对方案进行了第二次的修改，与往常一样，上司又指出了其中的一些错误和意见。这时，张涵对这项工作的激情已经完全没了，她只是默默地记下了上司的意见，并一板一眼地予以修改。第三次，上司终于还是勉强接受了她的方案。

就这样，这个方案经过接二连三的修改之后，张涵意识到这个方案已经距自己当初的设想相差甚远了。更让张涵担心的是，自己即便已经依照上司的要求一步步地修改完了，但上司却勉强地接受，自己的工作能力完全没得到上司的肯定。如此下去，自己要顺利通过实习期的愿望岂不是要泡汤了？近来的她，几乎每天都在惶恐不安中度过，生怕再做错事，忧心忡忡。

对于张涵来说，她固然费尽心思，还是没能获得上司的肯定，为此她纠结不已。出现如此糟糕的结果，是因为她没有将自己的主要精力放在工作上，而总是在猜测上司对自己的看法上。在修改此方案的过程中，她为了迎合上司，一步步地放弃了自己原来的想法，不断地猜测老板想要的结果。甚至为了不让上司再对自己失望，她只是一板一眼地按照上司交代的步骤去做，最终她也只是交出了一份差强人意的答卷。实际上，张涵完全可以按照自己的想法，并结合上司给出的意见，进行再次创新，超常发挥，一定会得到不一样的结果。对于张涵来说，与其说她是因上司的挑剔使她心烦意乱，不如说她是被内心的恐惧所折磨。

其实，生活中很多人的烦恼皆源于对他人看法的太过“在意”，他们因为内心缺少自信，没有将目光锁定在目标上，没将心思用在正题上，整日被担忧、患得患失等念头所空耗精力。

其实，无论遇到什么事，你若能让自己全身心地沉浸在事情本身的快乐中，感到其中的乐趣才是最为重要的，别人的评价只是一种外因，这种外因如果是好的建议，可以帮助你更好地完成事情；如果是无关痛痒的品头论足，于改进无益，那你就大可以将其忽视。

大学毕业便进入一家广告公司的晓慧，担任公司的行政助理。虽然，她的学历并不高，但是对工作却充满了热情，做事特别有干劲，深受大家的喜爱。而公司的市场部经理就是一个重能力而轻学历的人，他看到了晓慧身上的闯劲，于是就大胆地将晓慧调到销售部门，并让她负责一个区域的销售工作。

为此，市场部经理就经常与晓慧在一起谈工作，两个人在一起的时间多了，便经常一起出差，一起吃饭，久而久之，办公室就传出了他们关系暧昧的流言。看到同事们都在用异样的眼光看自己，晓慧十分揪心。随后，这件事情就成为其他同事茶余饭后的谈资。晓慧当时感到受到了莫大的委屈。但是她又坚信：是非止于智者，清者自清，浊者自浊，时间会证明一切。在那一段时间里，晓慧仍旧埋头努力工作，将精力都用在了工作上。几周后，大家也都觉得流言之事经不起推敲，也就没人再提及此事了。

一段时间后，有人打电话告诉晓慧传播她谣言的“真凶”，而晓慧则说：“这件事情已经过去了，不要再提及了。”经过努力，晓慧很快成为销售部的精英，不久便又升了职。

晓慧无疑是聪明的，面对流言蜚语，她只是淡然视之，仍旧埋头做好自己的事，最终流言便不攻自破。如果晓慧得知传播她谣言的“真凶”后，大发脾气，与其大吵大闹，事情可能就会越描越黑，还会影响到工作，从而阻碍她的个人升迁之路。

如果你因为太过在意别人对你的评价或者看法而产生恐惧或忧愁甚至痛苦时，不妨就先停止手中的工作，问一问自己：“你做此事的目的是什么？你工作是为了解决问题，还是为了受到周围无关紧要的事情的表扬呢？如果确认完毕，那就按着你所认为的正确的“路线”走下去，不必在意他人的看法，随着时间的推移，你的能力就会得到凸显，你的出色表现会让所有对你怀有恶意的人哑口无言。要知道，关注事情本身，要比在与无关紧要的事情上面空耗精力要有趣、有意义得多。

别总在小事上纠缠不休

很多人都能勇敢地面对生活中的那些大风大浪，结果却常常被一些小事搞得垂头丧气。生活中，我们的忧虑很多时候都来自看似无足轻重的小事，身为部门主管的张女士也发觉了这一点：她手下的人能够毫无怨言地从事危险而又艰苦的工作，“可是，我却知道，有好几个宿舍的人彼此间都不怎么说话，因为怀疑别人把东西放乱，占了自己的地方。有一个讲究空腹进食细嚼健康法的家伙，每口食物都要咀嚼 28 次。而另一人一定要找一个看不见这家伙的位子坐着才吃得下去饭。”

据调查，“小事”如果发生在婚姻生活中，还会造成世界上半数的伤心事。洛杉矶的一位法官在仲裁过四万多件不愉快的婚姻案件之后这样说道：“婚姻生活之所以不美满，最基本的原因往往都是一些小事。”

两千多年前，雅典的政治家伯里克利就曾经留给人类一句忠言：“请注意啊，我们已经将太多的精力纠缠于一些小事情了！”安德列·摩瑞斯在《本周》杂志中也有类似的提醒：“这些话，曾经帮助我经历了很多痛苦的事情。我们常常因一点小事，一些本该不屑一顾的小事，弄得心烦意乱……我们生活在这个世界上只有短短的几十年，而我们浪费了很多不可能再补回来的时间，去为那些一年半载之内就会忘掉的小事发愁。我们应该把我们的时间用于有意义的行动和感觉上，让我们的思想变得伟大，去体会那些真正的感情。因为生命太短促了，不该只顾及那些无聊的小事。”的确，生活是由一系列的小事组成的，但如果我们过多地拘泥、计较这些小事，那我们的人生也没什么意义和乐趣可言了，我们触目所及的必然都是烦恼、痛苦、矛盾与冲突。

一位作家，平时在家里写作的时候，经常被邻居家里小孩的吵闹声烦得要发疯，他每天都很不高兴，有时甚至想站在窗口对着邻居家的窗户破口大骂，但他最终忍住了。

有一天，他和几朋友出去露营，在帐篷中小憩的他，时不时能听到外边小孩的嬉戏声，他觉得那声音简直美妙极了，这声音和邻居家小孩的声音不是一样的么，为何自己会喜欢这个声音而讨厌那个声音呢，回来后他告诫自己：在大自然中嬉戏的小孩的声音很好听，邻居家小孩的声音也差不多。我完全可以全身心地投入我的文字中，不去理会这些噪声。结果，头几天他还注意邻居家里传来的声音，可不久他就完全将它们忘了。

很多小忧虑也是如此。我们不喜欢一些小事，结果弄得整个人很沮丧。其实，我们都夸大了那些小事的重要性……正如狄士雷里所说：“生命太短促了，不要再顾虑小事了。”

哈瑞·爱默生·富斯狄克讲过这样一个故事：“在科罗拉多州长山的山坡上，躺着一棵大树的残躯。自然科学家发现，它已经有400多年的历史了。在它漫长的生命历程中，曾被闪电击中过14次，曾被无数的狂风暴雨侵袭过，但它最终还是挺过来了。但在最后，小队甲虫的攻击使它永远地倒在地上。那些甲虫从根部向里咬，渐渐地伤了它的元气。虽然它们很小、却是持续不断的攻击。这样一棵森林中的巨树，岁月不曾使它枯萎，闪电不曾将它击倒，狂风暴雨不曾将它动摇，却被一小队用大拇指和食指就能捏死的小甲虫弄倒了。”

我们人类不正像森林中那棵身经百战的大树吗，我们也曾经历过生命中无数的狂风暴雨的袭击，也都撑过来了，可是却让忧虑这个小甲虫噬咬——那些用大拇指和食指就可以捏死的小甲虫。

实际上，有许多的小事情别人并没有在意，只是你自己过于敏感罢了。所以，当你在为一些小事忧虑时，建议你暂时把注意力从那些小事上转移一下，往快乐的方面想一想，保证你心情舒畅，无忧无虑。忙碌起来吧，我们的大脑不能让忧虑有空子可钻；大度点吧，否则忧虑这小甲虫就有机可乘了。

他人之所以能控制你的情绪，是因为你在意

每个人都可能有过这样的体验：别人一句挑衅的话，就能让你火冒三丈，恨不得立即冲上去揍对方一顿；会因为上司的一句不经意的批评而情绪低沉；会因为他人的讽刺、嘲笑、挖苦而怒火中烧，想报复对方

……你为此感到不快，皆因为你太过在意，你越是在意，就越容易陷入对方的“攻势”之中，他人顺利地用话语或行为激怒了你，看到了自己想要的结果，而你却深受其害。正因为在意，所以你内心很容易被击伤，外在的一些风吹草动都会使你心神不宁。你的这个弱点倘若被人发现，你的情绪便很容易被人所控制。

洛克菲勒因经济纠纷与人对簿公堂，在开庭时，对方的律师看起来是个极富修养的人，洛克菲勒对本次的官司并不抱有什么信心。

在法庭上，对方的律师拿出一封信问洛克菲勒道：“先生，请你告诉我是否收到了我寄给你的信呢？另外，你为什么没有回信呢？”

“我收到了，但没有回！”洛克菲勒十分果断干脆地回答道。

于是，律师又拿出二十多封信，并且以同样的方式向一一向他询问，而洛克菲勒却都以相同的表情，一一给予其相同的回答。

律师见洛克菲勒如此地镇定，终于按捺不住内心的狂躁，顿时愤怒至极、暴跳如雷，并不断地咒骂，完全失去了一位律师应有的风度！

最后，法庭宣布洛克菲勒先生最终胜诉！原因很简单，就是因为对方的律师在法庭上乱了阵脚，让自己失去了判断力。洛克菲勒就是利用这点，不断地用言语去攻击他的“软肋”，使他将对方的目的以及打官司的手段等细则全部都透露了出来，最终赢得了官司。

一个人越在意什么，其情绪就会被什么所控制，就像那位律师一样，因为太在乎官司的输赢了，所以便轻易地在勒克菲勒面前暴露了自己的弱点，让对方抓住了把柄，使他在关键时刻一败涂地。

真真是一名实习生，她工作努力认真，获得了上司的好评。这时，与她一同来实习的张欣告诉她，学校对真真的表现很是认可，想让她留下来。这可让真真高兴坏了，这无疑让她吃了“定心丸”，之后，对工作更上心了，领导对她更是赞不绝口。

很多时候，我们产生恐惧和慌乱，是因为对未来的不确定性。不知道如何才能获得他人的认可，这时，若有人告诉你，如何去做才能赢得他人的肯定，那么你的情绪也会跟着变化。你可能非常喜欢某个男孩子，却又猜不透对方的心思，此时，如果身边有人告诉你关于他的一些相关的只言片语，你的情绪也一定会受到影响。由此也可以得出，其实，真正控制你内心的不是外界，而是你内心的虚荣、欲望，这些都是你心灵的“软肋”，你想要真正地摆脱控制，获得内心的真正平静，就该将你内心的虚荣、欲望给剥离，将心灵腾空。佛家有一句话叫“无欲则刚”，就是你内心如无任何的欲念，那么你将能获得真正的强大，外界的任何人与物都拿你毫无办法，你也就是无敌的。

听从自己内心的声音，别让他人左右你的选择

生活中，你可能会遇到这样的情况，自己决定要去做某件事情，可是，周围的人对你的选择却有不同的观点，每个人都说得头头是道，让你心烦意乱。要知道，这个世界最不缺的就是闲着没事爱对他人评头论足的“闲人”。每个人所处的环境不同，看问题的角度也不同，所以给你的意见或建议，都带有功利性或者片面性。所以，在你做选择时，面对周围人的声音，你切忌沉浸在他人的评论中，而是应该听从自己内心的声音，保持足够的清醒与理智，从而做出正确的判断。

参加完高考的苏珊，最近因为报考专业伤透了脑筋。本来，以她的分数，她可以轻松地进一所当地的知名大学，但是在填报专业时，她却开始纠结了。父母及周围的亲戚、朋友都建议她填“经济学”，理由是将来可以在当地的金融系统找一个好工作。而苏珊本人则从高中时就对生

物学极为迷恋，她的本意是想报考“生物学”，可这遭到了周围人的强烈反对，理由是生物学将来毕业后太难就业。在接下来快半个多月的时间里，她都在为该报考经济学还是生物学而纠结着……

为了让苏珊屈从自己的决定，父母更是请来了在金融系统工作的颇有名望的舅舅，劝她立即报填“经济系”。几天时间里，舅舅都对她进行“洗脑”，并从现实角度出发，帮她分析了当下大学毕业生就业的艰难处境，又为她描绘了改学“经济学”后的美好前景，这让苏珊有点动心。随后，家里的众多亲戚和同学，都过来劝说苏珊，一周后，苏珊彻底改变了主意，毅然屈从了父母的意见。

可是，改学“经济学”后，苏珊变得很不快乐。枯燥的经济学定律激发不出她学习的任何兴趣，烦琐的经济学数据更是让她头疼不已。她很努力，学得也很辛苦，但丝毫没有任何成效，大一刚结束，她就因为多门课程不及格而被学校通知重修一年……

苏珊所经历的其实就是选择意识被人操控的过程。与苏珊一样，生活中我们多数人所经历的心理操控并不是仪式化、极端化的，它们通常是以友善而不易察觉的面貌出现在我们的身边。对于我们来说，这种操纵者才最应该提防的，就像苏珊的父母、以及亲戚、同学等，他们总是打着“为你好”“我们不会害你的”“我们最爱你”的口号来让你放下你的本意选择，屈从于他们的意志。

生活中，我们会面临各种选择，此时，听从自己内心的声音，走适合自己的路才是最为重要的。这就要求你要做一个有主见的人，做自己生活和人生的主人，这样的人也是内心强大者。他们面对事物，有独到的见解，他们的选择遵从自己内心的愿意，所以他们会快乐。面对各种质疑和评论，正是培养你判断力的好机会，与其为此烦恼，不如趁机提升自己的心理素质，学着与内在的自己和解，做到不纠结、不烦恼。

张萌是一家外国语学院的老师，还有一个可爱的儿子和一个幸福的家庭。在她一切都稳定的时候，她选择离开，远赴美国留学，身边的所有人都不理解她的做法，父母劝她要以家庭为重，身边的同事在猜测她是否与学校领导产生了矛盾……尽管一时间，唏嘘声铺天盖地，但张萌都以微笑面对，坚决依着自己的想法去了美国留学。

几年学成归国后，她成立了自己的工作室，做起了跨国文化交流工作。如今的她，不仅事业做得出色，人也精神了许多，而且家庭依然很是幸福。

拥有判断力，是你拥有强大内心的前提，保持冷静的头脑，遇到问题，不要着急，而是应该积极思考。这样的人，有主见，有追求，总是能在取与舍之间智慧地游走，他们始终知道自己要做什么，这些都源于他们对自我的清醒审视，并时刻懂得与内在的自己和解。

关于人生的选择，HP大中华区总裁孙振耀在自己的退休感言中这样写道："很多人在做选择的时候，总是会受他人影响，亲戚的意见，朋友的意见，同事的意见……问题是，你究竟是要过谁的一生？人的一生不是父母一生的续集，也不是儿女一生的前传，更不是朋友一生的外篇，只有你自己对自己的一生负责，别人无法也负不起这个责任……"的确，无论何时何地都应该忠于自己的内心，遵从自己最本真的意愿，这才是对自我人生最大的负责。当你在做选择时，当别人在你身边喋喋不休，想将其他的"意愿"通过"洗脑"的方式植入你的意识中时，你应该果断清理掉它们。因为很多时候，它们是潜伏在你大脑中的"敌人"，会对你的人生起到误导作用。同时，在做选择的时候，我们也无须太过于计较那些所谓的"薪水或报酬""面子""他人的意见""荣耀"等，而是应该遵从自己的本心，选择那些最适合自己发展的人生方向或职业，那样你的人生将会是充满快乐和幸福的，而且也是成功的！

专注于生活，让细节“滋润”你的心灵

生活中，总有一些高姿态者，总希望自己能够成为人群的中心，希望每个朋友都能够时时地关注他。这其实是内在的虚荣心在作怪。心理学上有一个著名的论调是说，一个人炫耀什么，说明他内心缺少什么。其实，越是想引起他人关注的人，其内在越缺乏智慧的沉淀，缺乏内涵。纵观你周围的人，越是有实力者，其行为便越会低调，他们不会在朋友面前吹牛，而只是会安静地听别人说，适时发言，好像有一种与生俱来的优雅格调。

时时爱在他人面前以高调的“表演”来引起他人关注的人，很容易因为迷恋于其外在的表现而忽视了自己内在的提升。这样的你，不妨尝试着让自己的内心丰富起来，从而放低自己的心态，让自己在“自我”的世界里享受快乐和幸福。

当然，要想使自己的内心得以丰富，首先要学会用心去体会生活中的美好。每个人的生活都是由一系列的具体的小事组成的，如果我们能用心做好每一件事，并能从中体会快乐，享受过程，那么你就会慢慢地变得富有内涵。

张薇从一所著名的传媒学院毕业，走入社会后，她没有像其他同学那样四处奔波去找工作，而是开了一家属于自己的糕点店，亲手做各种好吃的糕点以支撑店面的生意，每天都忙得不亦乐乎。几年后，她的同学有的进了电视台当起了主播，有的则进了报社，做着体面的工作。与其他同学相比，张薇的生活状态是最糟糕的。然而，她却丝毫没有失落感，每天只是精心地做着自己的糕点，笑吟吟地面对来往的顾客。一次，

她参加同学聚会，安静地听着大家说工作的事。有的同学问她："你条件那么好，为何非要去卖糕点呢？而且有时候还入不敷出，苦苦经营，你不是自找苦吃么？"而张薇则说道："做糕点是我人生最大的喜好，虽然赚不到什么钱，但我却乐在其中呀！"看到张薇神采飞扬地诉说自己做糕点的心得，都不免露出惊讶的神情，甚至还有不少同学找她聊天。

张薇之所以能够活得快乐，原因在于她是在为自己而活，她能从自己所从事的职业中体会到无比的快乐。生活中，很多人总是带着极强的功利性，希望自己在他人眼中是有地位的，为了成为他人羡慕的对象，带着极强的功利心拼命追求财富、地位，这样的人内心是空虚的。

其实，每个人都有属于自己的精彩，都应该为自己而生活！如果你时常感到精神疲惫、内心虚空，就不妨将目光转向自己的生活，扪心自问：你工作的内容是什么？下班后，你是否会约上朋友小聚？回到家，与人家共享天伦……而且要学会从一件事情中，找到生活的意义，懂得从细节中享受过程，而不是为了争"面子"而委屈自己去费神劳力。

刘欣已是一位有着 4 年工龄的幼儿园老师了，最近，她似乎有了职业倦怠，逢人就抱怨自己的工作有多苦、多累、多无聊。可是直到有一天，当她上了一天的课，累得瘫坐在教室的书桌前时，一个 3 岁多的小女孩走向前去，用小手抚摸着她，并用稚嫩的声音说："老师，你一定累坏了吧！我给你揉揉背吧！"这时，她的疲惫和劳累似乎一下子都消失了。从此之后，她开始不抱怨了，而是学着积极地关注每一个孩子的成长，并认真地融入他们的生活，她很快从自己的工作中找到了乐趣。每当与孩子们一起搭积木，看到孩子专注的眼神，她便会觉得幸福十足。

生活是由一系列的"细节"构成的，当你真正地融入其中，并从中体味其中的美好，便会觉得你的内心是充盈、丰富的，久而久之，你的心灵便能得到滋润，外界的浮华、虚荣便也打扰不到你了。

扔掉沉重的“面具”，不和别人争面子

有时候，我们的怒气都是“死要面子”的结果：与朋友为一句话而争论不休，其实就是为了让众人承认自己是正确的；因为一点儿小事与爱人争吵，就是为了让对方臣服于自己；明明过得不幸福，却爱在众人面前“秀”恩爱，最终劳心劳力；明明囊中羞涩，还要装出一个富有者的样子，当对方开口向你借钱时，只能想尽各种办法推脱，最终伤了和气……可以说，面子是一副沉重的“面具”，只要背着它，就容易与人发生冲突，伤和气。

孙皓在一家公司已经做了三年的普通职员，而他的一个朋友赵磊则成立了一家公司。为了庆祝一番，赵磊在酒店邀请了过去的一班朋友欢聚一堂。朋友们玩得很高兴，都祝福赵磊生意节节攀高。这个时候，孙皓突然说：“赵磊放心，你的单子我给你包了。”

其实孙皓明白，自己根本没有那么大能耐，可是为了面子，他还是毫不犹豫地说了出来。结果，这句话所有人都记住了，朋友们都说孙皓够义气。一瞬间，孙皓感觉自己很伟大，于是夸下了更多的海口，引得朋友们羡慕。

孙皓的话，让赵磊牢牢记在了心里。几天后，他去找孙皓做单子，而孙皓只不过是说说而已，并没有想着朋友会真的找他帮忙。这下孙皓慌了，因为他自己根本就没有什么把握。

可是孙皓意识到，如果这个时候拒绝，那么自己无疑丢了大面子。于是，他不得不帮赵磊忙活起来。一个星期过去了，孙皓一个合适的单子也没有给赵磊做成，但是赵磊也并没有不高兴，只是说：“看你说得那

么胸有成竹，相信你能行的。现在看来，我还是找别人吧，你不要为难了。”

可是，为了保全面子，孙皓还是决定要给朋友看看自己的“能力”。不过，几次三番的失误，不仅让赵磊受到了连累，就连自己也花了不少冤枉钱。从这之后，朋友们开始感觉孙皓并不像他自己说得那样，于是对他产生了一丝反感。而孙皓自己自然也高兴不到哪里去，人缘差了，脾气也越来越暴躁。

正所谓“死要面子，活受罪”。孙皓正是因为“死面面子”，最终不仅让自己失了面子，而且还耗费了自己不必要的精力，真是自己找“罪”受。其实，与人交往，不应该互相攀比，表里不一，只说不做，为了面子而说出不诚实的话，做出不靠谱的事，只会伤人和气，让自己背上沉重的精神压力。

有人考究，潇洒、明朗、自由、活脱是从“不要面子来的”，上帝规定了你“要面子”就得“受活罪”：明明没有钱，明明不当官没有那个权，但为了显示出自己活得比他人好，有能耐，就逢人摆阔气，装“款爷”“富婆”，今天请吃请喝，明天喝五吆六进舞厅，面子倒是要尽了，欠下一屁股债务后，暗地里只能吃咸萝卜；明明能力不足，但就因为撕不破朋友这一张面皮，强装君子风度，握手言欢，答应帮朋友做一些力所不及的事情，最终让自己跳进痛苦的深渊；夫妻间明明已经是同床异梦，毫无感情，家庭已成为一种摆设，但一想起面子，社会议论，就装出一副男欢女爱的面孔来支撑婚姻大厦，直到心力交瘁……

静下心来想想，又何必呢？人与人之间应当是平等的，彼此间也只有坦诚相见，才能让友情成为一种支撑，成为一种快乐的享受。要面子其实并没有错，但是不要让面子成为自己的一种负累。认真做自己应该做的事情，不做勉强的事，因为勉强本身不仅委屈了自己，也委屈了别人，最有面子的人生就是真实状态下有所收获的人生。

有位世界级的小提琴家在指导别人演奏的过程中，很少说话。每当他的学生拉完一首曲子之后，他都不多说话，只是亲自再将这首曲子再演奏一遍，让学生从仔细地聆听，并从中学习一些拉琴技巧。

他在接收新学生时，都会事先让学习者表演一首曲子，想摸清学生的底子，再给分等级进行教育。

这一天，他收到了一位新学生，琴声一起，在座的每个人都听得目瞪口呆，因为这位学生表演得相当好，出神入化的琴音有若天籁，比他自己表演得还要好。

学生表演后，所有的人都认为小提琴家为了顾全自己的面子，一定会对这个孩子给予不好的评价，以显示自己的尊严。出乎意料的是，小提琴家照例拿着琴上前，这一次他却把琴放在肩上，久久没有动。最终，他又将琴从肩上拿了下来，并深深地吸了一口气，接着就满脸笑容地走下台去。这个举动令在场所有的人都感到诧异，没有人知道接下来会发生什么事情。

小提琴家只是缓缓地向大家解释道："这个孩子的演奏实在太完美了，我恐怕没有资格去指导他！起码在这首曲子上，我的表演对他可能只会是一种误导。"

这时候，大家都明白了这位小提琴家的胸襟，台下也顿时响起一阵热烈的掌声，送给这位演奏得好的学生，更送给这位小提琴家。

小提琴家勇于接受学生更优于他的事实，最终赢得了人们热烈的掌声，在他身上也正体现出一种令人赞叹的大师的风采。他不受盛名所累，也不被人们的目光所限制，更充分地体现出一种极为可贵的真实和谦逊，最终为自己赢得了最大的面子。

我们每个人都渴望得到别人的认可，但是我们不能仅仅为此而给自己套上面子的枷锁，让自己负重前行，并承受内心的煎熬。放下面子是一种智慧选择。放下的是面子，舍弃的是心灵重负，得到的是更为真实，更为自由、快乐的人生。

纠结源于“两难选择”：化繁为简，停止内耗

很多人的纠结往往来自生活中过多的选择。比如，你获得了两个实力相当的就业单位的青睐，要做出选择，就会纠结；你获得了两个人的追求，要从中选择一个时，你就会纠结；早晨起床，你会对着满柜的衣服不知穿哪件而犯愁……其实，当生活中有一种选择的时候，我们的内心往往是平静而快乐的，但是可供选择的事物一旦多了起来，生活中的烦恼也就来了，而这些烦恼主要源于我们在选择时患得患失的犹豫心理。这种心理其实是对自我的一种消耗，我们也正是在这种消耗中，疲惫不堪。

森林中生活着一群猴子，每天当太阳升起时，他们会从洞中爬起来外出觅食，当太阳落山时，他们又自觉地回洞中休息，日子过得极为平静而快乐。

一名旅客在游玩的过程中，不小心将手表丢在了森林中。猴子卡卡在外出觅食的过程中捡到了。聪明的卡卡很快就搞清楚了手表的用途，于是，他就自然掌控着整个猴群的作息时间。不久后，他就凭借自己在猴群中的威信，成为猴王。

当聪明的卡卡意识到是这只手表给自己带来了机遇与好运后，每天就利用大部分的时间在森林中寻找，希望自己可以得到更多的手表。功夫不负有心人，聪明的卡卡终于又找到了第二块手表，乃至第三块。

但出乎卡卡意料的是，他得到了三块手表反而给自己带来了新的麻烦和痛苦，因为每块手表所显示的时间都不尽相同，卡卡无法确实哪块手表上显示的时候是正确的。猴子们也发现，每次来问及时间的时候，他总是支支吾吾回答不上来。一段时间后，卡卡在猴群中的威望也大大降，整个猴群的作息时间也变得一塌糊涂，大家就愤怒地将卡卡推下了猴王的位置……

这就是心理学上有名的“手表定律”，当猴子只有一块手表的时候，他们能确定时间，当出现了两块手表时，猴子卡卡的烦恼和痛苦也就来了，因为他不知道以哪一块为标准。其实，这就如我们生活中所遇到的难题，大多都是因为选择太多而给人带来的烦恼。为此，要彻底摆脱烦恼，减少内耗，就要有敢于舍弃的勇气和魄力。如果你缺乏这种勇气或者魄力，那就试着过一种简单的生活吧。当多种选择变成唯一的选择时，人也就没有那么多混乱、纠结和烦恼了，这也意味着内耗开始在我们体内上演了。

有一个诗人，为了追求心灵的满足，他不断地从一个地方到另一个地方。他的一生都是在路上、在各种交通工具和旅馆中度过的。当然这也并不是说他自己没有能力为自己买一座房子，这只是他选择的生存方式。

后来，由于他年老体衰，有关部门鉴于他为文化艺术所做的贡献，就给他免费提供一所住宅，但是他拒绝了。理由是他不愿意让自己的生活有太多的“选择”，他不愿意为外在的房子、物质等耗费精力。就这样，这位独行的诗人，在旅馆中和路途中度过了自己的一生。

诗人死后，朋友在为其整理遗物时发现，他一生的物质财富就是一个简单的行囊，行囊里是供写作用的纸笔和简单的衣物；而在精神方面，他给世人留下了十卷极为优美的诗歌与随笔作品。

这位诗人正是勇于舍弃了外在的物质享受，选择了一种简约的生活，最终才丰富了精神生活，为人类做出了巨大的贡献。他的人生是一种去繁就简的人生，没有太多不必要的干扰，没有太多欲望的压力，是一种快乐而又纯粹的人生。

正如尼采所说：如果你是幸运的，你必须只选择一个目标，或者选择一种道德而不要贪多，这样你会活得快乐些。正如一台计算机一样，在其系统中安装的应用软件越多，计算机运行的速度就越慢，并且在计算机运行的过程中，还会有大量的垃圾文件、错误信息不断产生，若不及时清理掉，不仅会影响计算机的运行速度，还会造成死机甚至整个系统的瘫痪。所以，必须要定期地删除多余的软件，及时清理掉那些无用的垃圾文件，这样才能保证计算机的正常工作运行。我们要想过一种幸福而快乐的生活，就不能让自己背负太多的选择，学会去繁就简，过一种简单的生活，这样才能不至于使自己在众多的选择面前无所适从。

第六章

与他人较劲儿，就是和自己过不去

——当你宽恕了别人，慈爱就会来拥抱你

生活中，与人发生矛盾和冲突，本想着拿“生气”让别人过不去，而致使自己的心情陷入一团糟糕的状态，其实是与自己过不去。就像你内心充满怒气，就用脚踢石头，最终疼的却是自己的脚。所以，很多时候，与别人较劲儿，就是和自己过不去。一个人的心结如果打不开，最终也只会苦了自己，害了自己。心结会产生心魔，在束缚自己与折磨自己的同时，还会波及别人。俗话说，心病还需心药医，解开心结的药就在自己的心里，放过自己，遇到不开心的事情时，学着与内在的自己和解，舒缓情绪，是对自我最大的爱。

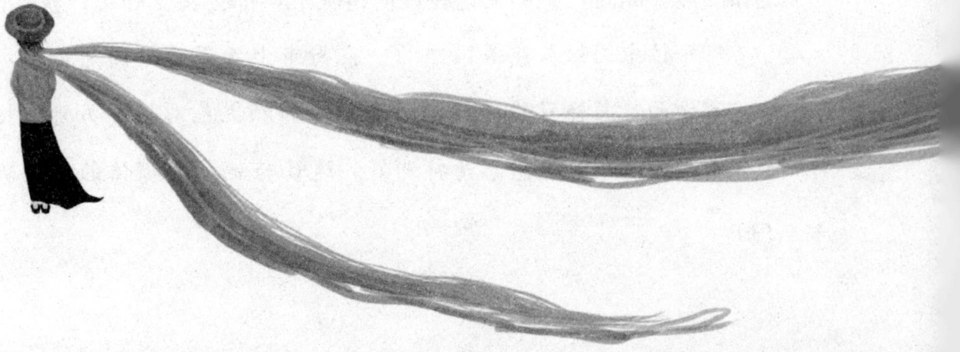

心灵的“戾气”，是智慧不够的产物

汪曾祺说，一些人看到他，头上就像是笼罩着一团乌云，那人心里一定长着极重的“戾气”。的确，心中戾气重的人，很容易生气、动怒，这样的人，实则上是缺乏智慧的表现。生活中，我们可能都有这样的体验：阅历越深对人与事便会越宽容，这其实是对自我的一种接纳，所以，很多时候，一个人心灵中长出的“戾气”，恰恰彰显了其人生的短板。

一天，周勃和几个朋友在七嘴八舌地在谈论一位邻居的坏脾气，周勃说，他那个人你们还真不了解，动不动就给人脸色，发起火来能把整个村给点了。这话恰巧被那位邻居听到了，不禁怒火中烧，二话没说，上去按住周勃就是一顿暴打，并且嘴里还质问周勃说：“我的脾气真有你说的那么坏么？就会在背后说人闲话，真是小人一个。”这时候，一位旁观者站起来说，你上去不分青红皂白就把人家给暴打一顿，难道人家说的有错吗？这位邻居听罢，顿时哑口无声，灰溜溜地走开了。

这虽然是一则笑话，但是说明，人的坏情绪完全是智慧不够的产物。因为智慧不够，所以对周围的世界与事物看不透，分不清，所以，极容易生出怨气和怒气来，长此以往，心灵的戾气便产生了。一个真正富有智慧的女人，内在思想是丰盈的，其对这个世界，对社会，对人生已经有了一整套比较完整的看法，所以，无论在何人与何事面前都会保持淡定和淡然。同时，她们无论在任何情况下，都会转变心态，获得快乐。

有一位中国妇人在美国纽约一条街市上卖果蔬，因为她做人极为厚道，不管面对怎样刁难的顾客，她都能和颜悦色对待。另外，她的菜品十分新鲜，所以，生意总是特别好。这让与她相邻摊位的小商贩很不满意。他们在扫地的时候，总会有意地将垃圾扫到她的店门口。但是，这位中国妇人并没有去过多的计较，而且每次还会把垃圾扫到角落中堆起来，然后又将店门清扫得干干净净。

后来，周围有一位好心的人就忍不住问她："周围所有的人都将垃圾扫到你家大门口，你为什么一点也不生气呢？"中国妇人却笑着回答道："在我们国家，过年的时候大家都会把垃圾往家中扫，因为垃圾就代表财富，垃圾越多，就代表你来年会赚很多钱。现在每天都会有人将垃圾送到我这里面来，我感谢他们还来不及呢！这也代表我的财运会很好，我是不会埋怨他们的。"

后来，老妇人每天都会在清扫垃圾的过程中，将有用的收起来，变废为宝，为自己带来了一些额外收入。

面对他人扫垃圾的不礼貌的行为，许多人都会生气，会由此与他人大动干戈，但是这位妇人却能及时地转换自己的心态，欣然接受，并将之变废为宝，为自己赢得了财富。由此可见，一个富有智慧的人，因为有厚实的内在知识做支撑，就不会在乎有多少人冒犯他，也不会在乎有多少人误解他，更不在乎外界世俗偏见对他的评价，因为他的内心本身就是一个完美的世界，为此他不会色厉内荏，外强中干。他们对自己和周围的事物有着极为强大的信念，这种信念让他能够坚持自我原则，和谐地与社会万物相处。

一个富有智慧的人，其内心是强大的，其有开放的意识与开放的心态，对于任何不同的声音，他都能够认真听进去，然后能用自己的逻辑、常识、常理、直觉、经验以及科学的方法去检验，所以他们对于他人冒犯性的行为和话语不会轻易发怒，而是会理智且和谐地解决与他人的冲突和矛盾。

所以，如果你是一个爱生气，易发怒且想改掉这些坏毛病的人，请先去充实自己的大脑，丰盈自己的内心，增添自己的智慧吧！

学会“饶”过自己，不与自己较劲

有个寓言故事，说一只小猫照镜子时，看见里面也有一只和自己一样的小猫，很是生气。于是它就向镜子里的猫龇牙咧嘴装怪相，没想到镜子里的猫也龇牙咧嘴装怪相；小猫很生气，于是便摆出一副准备打架的姿势，镜子里的猫也做出同样的动作。正在闹得不可开交时老猫回来了，看见小猫的样子，就对小猫说，如果你对那个猫笑一笑，看看它会怎样？于是小猫就向镜子里的猫微笑起来，而镜子里的猫也朝它微笑起来。

其实，生活中很多的不快，都是在与自己的镜像在较劲。纵观我们周围，不少人时不时地会与自己过不去，如“究竟我哪里做错了，他才会选择离开我?”“我哪儿做错了，导致他们在背后这么说我?”等等，这无异于自寻烦恼。

香奈尔曾和欧洲的贵族——威斯敏斯特公爵相爱。他们两情相悦的时候，公爵赠送给她大量的珠宝，她在公爵的资助下开了第一家衣帽店，又开了时装店。后来，公爵移情别恋，她依旧经营着她的衣帽店。她说“世上有很多公爵夫人，可香奈尔只有一个”。她一生大起大落，男人们一个一个爱上她，又一个一个离开她，但是她从来没有放弃过追求，用毕生的精力来打造她的时尚王国。

香奈尔是聪明女人的典范，因为她不和自己较劲。你说过如何如何爱我的，一眨眼你就移情别恋了。一般的女人，最起码要问个“为什么”：为什么要离开我？我哪里做错了？我们难道真的不能回到从前了吗？说着说着就觉得自己委屈，就和自己较上劲儿了。

和自己较劲儿，有时能激发你内心的潜能，助你达成目标。但不要过于较真，因为我们每个人都不可能在所有的事上做得比其他任何人都好。所以，有时候你需要淡定地去面对这一切。

兰兰每天早晨有跑步的习惯。一天，她同往常一样开始晨练，这时她发现有一人从她身后追了上来，轻松地越过她朝前跑去。很快兰兰就被落在后面。顿时，她心底不服输的精神涌了上来，于是她加快速度，想超越前面的那个人。可这个男人的速度确实很快，兰兰追不上他。当兰兰环顾四周的时候，她才发现，原来比她跑得快的人到处都是。而且，无论她多努力地训练提高，总还是有比她跑得更快的人。

这个事实让兰兰痛苦了一阵，不过很快她就觉得自己得到了释怀。毕竟就算她成不了最好的跑步者，但她可以享受到跑步的乐趣，这就够了。

在激烈的竞争中，我们也许不能成为最好的那个。但是，我们可以把事情力所能及地做到最好。所以，每个人都要学会做生活的智者，知道自己该干什么和不该干什么，知道什么事情应该认真，什么事情可以不屑一顾，这样才不致给自己招来一些莫须有的烦恼和痛苦。

当然了，在生活中要使自己保持心平气和的状态，你需要提升如下两方面的素养：

1. 学会“退一步想”。生活中没有那么多大的原则问题，在不少事情上，都是既可这样，也可那样的。所以，适时地善待自己；

2. 不要过于较真。与人相处需要的不是“明察秋毫”，事事较真，而是互相谅解，彼此包容。

别总拿他人的言行来烦恼自我

心是一切的产物，生活中我们常说某人或某事使我烦恼、气愤、痛苦，实际上，某人或某事并不能使你烦恼，而是你总拿他们来烦恼自我。因别人的言行而生气，拿别人的错误来惩罚自我，这是一种极傻的行为。

关于生气，有这样一个故事：

有一位妇人，特别喜欢为一些琐碎的小事生气。她也知道自己这样不好，便去求一位智者为自己解答疑惑，开阔心胸。智者听了她的讲述，一言不发地把她领到一座禅房中，落锁而去。

妇人为此气得跳脚大骂。骂了许久，智者也不理会。妇人又开始哀求，智者仍置若罔闻。妇人终于沉默了。智者来到门外，问她："你还生气吗?"

妇人说："我只为我自己生气，我怎么会到这地方来受这份罪。"

"连自己都不原谅的人怎么能心如止水?"智者拂袖而去。过了一会儿，智者又问她："还生气吗?"

"不生气了。"妇人说。

"为什么?"

"气也没有办法呀。"

"你的气并未消逝，还压在心里，爆发后将会更加剧烈。"智者又离开了。

智者第三次来到门前，妇人告诉他："我不生气了，因为不值得气。"

"还知道值不值得，可见心中还有衡量，还是有气根。"智者笑道。

当智者的身影迎着夕阳立在门外时，妇人问智者："大师，什么是气？”

智者就将手中的茶水倾洒于地。妇人视之良久，顿悟。叩谢而去。

何苦要气？气就是别人吐出而你却接到口中的那种东西，你吞下去只会反胃，而你不理它时，它便自行消失。所以，生活中，我们切勿再为了一些小事而生气。当你因为一些事情想要生气的时候，不妨选择暂时离开，找个清静的地方，让自己的内心平静下来。想一想，何必要因为别人的错误而折磨自己呢？

一天，一位小混混在经过一座寺庙时，看到里面烧得兴旺的香火，很不服气。于是就怒气冲冲地闯到方丈的禅房里，发泄自己的不满。

方丈见状并不生气，只是微笑着，默默无闻地听他的无理胡骂后，就温和地对他说：“你的家里也偶然会有访客吧！”

“当然有了，你何必问此！”

“那个时候，偶尔你也会款待客人吧？”

“那是当然的了！”

“假如那个时候，访客不接受你的款待，那么，这些菜肴应该归于谁呢？”

“要是他不吃的话，那些菜肴只好归于我！”

方丈看着他，又说道：“你今天在我的面前说了很多坏话，但是我并不接受它，所以，你的无理胡骂，那是归于你，还是归于我呢？如果我被谩骂，而再以恶语相向时，就有如主客一起用餐一样，因此我不接受这个菜肴。”

然后，方丈颇为温和地说道：“对愤怒的人，以愤怒还牙，是一件不应该的事。对愤怒的人，不以愤怒还牙的人，将可得到两个胜利。知道他人的愤怒，而以正念镇静自己的人，不但能胜于自己，还能胜于他人。”

小混混听罢，顿时彻悟，随即礼貌地离开。

看看吧，“气”是别人不要而扔给你的东西，你若接纳它，则会被它所折磨；你若无视它，便不会被它所缠绕。生活中，你还会为别人的错误而接受惩罚吗？人在不顺利的情况下，能够做到心平气和地不发怒，是一种生活的智慧。

“我真的会被他气死!”“这件事情快气死我了!”……类似的话我们经常听到。的确，多数人都无法逃避生气，但是，我们在生气的时候，一定要告诫自己：你是拿别人的错误在折磨自己，那该是一种多傻的行为。这样，就能让坏情绪得以合理地宣泄出去，化愤怒为力量，使自己走出阴影，愉快地投入工作和生活。

守住自己的原则，就没人能伤得到你

生活中，我们多数人生闷气、闲气，并不是因为生活中遇到不幸的事件、不如意的事情，更多时候都是人的主观意识在做怪。别人讲了我的坏话，我若不去计较它，就不会生气；受到上司的批评，如若不将它放在心上，就自然不会有怒气；与同事发生摩擦，我若能谅解他，自然也不会有怨气……凡此种种，对于不愉快的事，你若能守住自己的内心，不将之放在心上，就自然不会有气。其实，还可以说，“生气”也是对自我的一种折磨，你若不在意，就没人能真正地伤害到你。

珍维斯是个易怒者，每天都会因为生活中一些无关紧要的小事而愁眉不展、郁郁寡欢，他的妻子想劝解、开导他，可经常迎来的却是一通的牢骚，说自己的不快乐、不高兴都是因为外人所带来的。比如，被单位的领导训斥、被同职能的同事排挤、被爱人背叛、被朋友误会、被人指手画脚，被说三道四，被人恶意欺侮、被无意地伤害……一次，妻子对他无休止的抱怨忍受不了，便随手从桌上拿来一个不倒翁，前后摇动了几下，便问道：不倒翁为何不倒下去？

珍维斯愣住了，便回答说："那应该是一个深奥的物理学原理！"妻子说，我们可以用人生的道理来思考这个问题。不倒翁那个远远超过外壳全重的重心，让它的身体不管如何飘摇都可以稳稳地归位。你若按它，它顺势而倒，你抬起，它却顺势而起。你按得越是用力，它起得越是迅猛。你拿它无可奈何，你攻击它，到头来那个恼羞成怒、气急败坏的反而是你自己。接着，妻子又对珍维斯说，这就如我们做人一般，身为社会的一分子，我们身边围着各种光怪陆离的现象，就好似被一群孩童围在中心的玩偶，无数只手伸过来想按倒你、逗弄你、取笑你，甚至就想破坏你。无论你扮演怎样的角色，在怎样的环境下，都会觉得委屈和无助。我们会被领导训斥、被同事排挤、被朋友误会，甚至还会被人指手画脚、说三道四，被恶意欺侮、无意伤害……如果你不能捂住别人的嘴，捆住别人的手脚，禁锢别人的大脑，那么你就要做出选择：你可以选择做一个美丽漂亮却脆弱无比的芭比娃娃，结果可能是你很快被"顽童"们折了个七零八落。你也可以选择做一个看上去平凡无奇却无比强大的不倒翁，结果可能是你永远站在你的位置，而"顽童"们被你"折磨"得发疯，或垂头丧气、或索然无味或心悦诚服地散去，给你一片自由的天地。

听了妻子的话，珍维斯若有所思，他知道，自己要想做一只不倒翁，首先就要懂得坚守自己的原则、立场，守住自己的内心和位置，不轻易被外界的一切事与物所侵扰。

不倒翁用一个"重心"便可以使自己屹立不倒，反而让"玩弄"它的人索然无味、垂头丧气，被它的强大和忍耐力"折磨"得发疯。对于人来说，要做一个“不倒翁”，也要有自己的“重心”，而这个重心便是内心的原则。

康德说：“每个人都可以成为自己的主人。”其实是说，每个人都是可以自由地支配自己的内心，做自己心灵的主人，不受外物所影响。当然，要不被外物所影响，不轻易发怒、生气，就要懂得坚守自己的做人和行事原则，不轻易动摇。心理学家指出，一个人内在的主动权是不能受任何人或物的影响的，一旦你要别人顺从你的价值或信念，或者顺从别人的价值，你便削弱了这些价值与信念在你生活中的力量。如果你还需要得到别人的赞同或顺从别人才能快乐，表示你已经遗忘了自己内在的主动权。所以，我们要做自己的主人，就要尽量依靠自己的力量来帮助自我，而无须掺杂别人的任何意念或要求。

剥去“假装”的外衣，学着向内心妥协

埃德加是华尔街金融商圈中的“风云人物”，今年 26 岁的他，已经是一家大型金融公司的经理了。大家佩服他，他不仅有着精明的头脑，还有良好的心态，并且挺过了一次又一次的危机，依旧屹立不倒。但突然有一天她太太向他们夫妇共同的朋友班杰明哭诉，想让他劝劝埃德加。细问之下才知道，这位在外面光芒四射的金融才子回到家中原来是另一番样子：摆臭架子，不爱说话，极容易发脾气。班杰明劝慰道：“这可能是他本身的工作压力所造成的。”但是太太却摇了摇头：“不是，我跟他沟通过，工作有不开心就讲出来，但他却不说，现在对小孩也缺乏耐心，孩子一听到他回家的声音就害怕，我也实在是受不了！”

在外自信满满，风光无限，笑脸对人，回到家却摆张臭脸，随意发

脾气，这其实就在外面时，做了自己很不愿意做的事情，使心灵受到了“委屈”，而回到家，即一个绝对安全的地方后，他便开始随意地发泄，家庭成员也完全变成了他的出气筒。

其实，无论在工作还是在生活中，每个人都活在他人的“期盼”中的：希望成为领导眼中的“好员工”，同事眼中的“好搭档”，朋友眼中值得交往的“老好人”……为了完成这些“角色”，我们会不由自主地委屈自己的内心，去努力勤奋，强颜欢笑，有求必应，去潇洒倜傥……心中慢慢地便会积攒起更多的怒气和怨气，而家则是一个无须任何伪装的地方，于是，他们的真情性便在家中淋漓尽致地表现出来，这些怒气、怨气和委屈也便发泄出来了。

其实，我们的内心好似一个容器，里面盛入着人的喜怒哀乐。在工作或生活中，我们为了讨好他人或获得他人的认可、肯定，便会时时地委屈自己，进而会积攒越来越多的怨气，怨气多了，心灵上就会长出戾气，而最终你会伤到他人。

心理学家指出，一个人若总爱故装坚强、装乐观，只会让自己越来越迷失，越来越委屈。要让自己自在地活着，就要懂得时时为心灵剥去那些“伪装”的外衣，与内在的自己和解。这里所谓的和解，是指在你遇到不情愿或不快乐的事情时，学会向内心的自己妥协，放下外在的伪装，跟随内心的愿意去行事。其实，自己向自己妥协并不可悲，真正可悲的是违背自己向他人妥协。要知道，“皇帝的新装”得到再多人的赞赏也总有被人揭穿的一天。只有出演一个本色的自己才能达到内心的和解。你的内在才会感到舒服，内在舒服才能自信从容，自信从容自然就会流露出不凡的风度和气质，才更容易获得他们的青睐。

其实我们都该清楚的是，无论谁的生活都是其自身在时刻参与的，你的参与才造就了你的生活。你的参与包括方方面面，包括你的行动也包括你的内心，也许坚强有担当的职业形象才有利于你自身的发展，但是内心的压力却无处排解，它终归会爆发，所以就需要我们自身去调解。能够与自己的内心和解，才是真正的内心强大。

也许有时候，我们真的太过于与工作或生活较真儿了。你伪装的面具，也许在他人眼中，早已经被一眼看穿，只是大家都心酸地明白我们为什么要这样互相包容互相捧场。就好似皇帝的新装，心照不宣地互相维护着各自的尊严。可是，是不是当天真诚实的孩子说破这个谎言后，大家便反而舒服了呢？舒服才能自信，自信才会获得你合作伙伴的信赖，同时，你用自信也能征服你周围的人，以及所有你希望影响到的人。

保管好快乐的钥匙，别将它轻易交给旁人

每个人的心中都有一把快乐的钥匙，但生活中我们会不自觉地将它交给旁人去保管。生活中，经常听人有这样的抱怨和烦躁："我过得很不快乐，因为朋友误解了自己。"他其实是把自己快乐的钥匙交到了朋友的手中；一位员工说："我今天很烦躁，被客户坚决地回绝了！"他其实是把快乐的钥匙交到了客户手中；一位妈妈说："我的孩子真不听话，气死我了。"她其实是把快乐的钥匙交到了孩子的手中；一位男人说："真是丧气，老板总是对我冷言冷语，工作真是太过压抑了。"他把快乐的钥匙交到了老板的手中；年轻人从商店出来，气愤地说道："那老板态度恶劣，真是把我气炸了。"……生活中，多数的人都在做同一件错误的事情，就是让他人来控制自己的心情。当你允许他人来掌控你的心情时，你便会在工作和生活中不停地抱怨、随意发怒、情绪焦虑，有些人甚至患上了忧郁症，在悲观、怨恨和烦躁中一蹶不振。

哈伦斯是一家著名杂志社的心理学顾问，一次，他与朋友一起去一个报摊去买报纸。交完钱，那位朋友礼貌地对卖报人说了一声“谢谢”，但是对方却阴着脸，态度极为冷淡，没有一句客套话。

“那个家伙真是讨极极了，不是吗？”在回家的路上，哈理斯问道。

“是啊，他每次都这样，很少对人笑。”朋友漫不经心地说，丝毫没有生任何气。

“那你为什么还要对他那么客气呢？”哈伦斯有些疑惑了，他为朋友打抱不平。

朋友则只是微微笑了一下说道：“我为什么要让他决定我的行为呢？”

一个内心成熟、淡定的人，会懂得牢牢地握住属于自己快乐的钥匙，他不会期待别人带给他快乐，反而还能自我把控，把快乐和幸福传递给他人。这样的人，时刻都是情绪的主人，不以外界的人和物的影响而悲喜。

一天，张苏因为与同事处不好关系，心情烦躁，就去找自己大学的老师聊天。见面，张苏就表现出一副愁苦的样子，向老师感叹自己虽然满腔抱负，但因为在工作中表现得太过积极和热心，总受那些混日子同事的指责和排挤。

老师听罢，哈哈一笑，沉默不语。只是端盆水果递给他吃。张苏因为心情烦躁，就摆手说自己平时不爱吃水果。老师还是让给他，张苏仍旧摇着手不接。老师仍旧微笑着，放下果盆，对他说道：“看看吧，你不接的话，我还得收回来！就像别人在背后指责你，你如果不为此所动的话，话语不是还得被说话者收回来吗？”张苏猛然醒悟，别人的指责和谩骂，如果自己不当回事的话，对方怎么能伤到自己呢？恐怕伤到的只是他们自己吧！随即，张苏立即对老师的智慧感到敬佩。

的确，为他人的言行去生气，是拿别人的错误去惩罚自己。别人对你的冷漠也好，恶语相向也好，其目的就是让你难受、生气、愤怒，如果你果真去生气，不就正中了对方的下怀么？而如果你全然不去理会，那受惩罚的自然就是对方了。我们在任何时候都无法阻挡别人的行为，唯一能把握的只有自己。握紧你心中快乐的钥匙吧，唯有善待内心的人，才是真正地善待自己！

总以别人的“标准”来约束自己，你该有多累

在生活中，我们常常会不自觉地在乎世俗人的眼光，为了得到别人的满意，我们可谓费尽心机：我们小心翼翼地关注别人的眼光，猜测别人的想法，猜想别人的评判……并小心翼翼地行事，唯恐别人指责。但是，即便我们这样小心，还会有人不满意，所以我们又开始为此伤神。其实，在很多时候，我们要完成一项事情根本花不了太多的时间，但是由于太在意别人的眼光了，所以将自己搞得身心疲惫。

张瑾自小就是个勤奋好学的女孩，在一所名牌大学毕业后顺利进入一家外企，负责产品的文案宣传策划工作。为了在职场上保持强有力的竞争力，她经常挑灯夜战，看各类的书籍。有一段时间，她因为情绪低落，没能坚持学习。为了激励自己不断上进，她还特意参加了一个学习成长型的俱乐部，里面的成员都有很多的“厉害人物”，尤其是一位传媒界的“大佬”，他是由一名杂志社的编辑然后经过不断地努力成为一家著名传媒公司的合伙人，事业做得很是成功。他的这种经历，让张瑾很是惊讶，问他是如何做到的，对方只是告诉她说：“当年为了做出成绩，每天早上四点钟就起床看书写作，这一习惯已经坚持了10年。”张瑾听后，深有启发，为了赢得周围朋友和同事的羡慕、赞美和夸奖，便暗自将此人设置成了自己

的榜样，并暗自埋头行动起来。为了提升自己的文案写作能力，她每天也坚持早上四点起床看书写作。但是一段时间之后，结果却并不如人意，甚至因为无法坚持下去而丧失了斗志，甚至还对自己产生了怀疑。后来张瑾自己也意识到，自己只是知道对方每天凌晨 4 点起床努力，却没有看到他之前经历了多久培养早起的习惯，也没有了解到他每天晚上是几点上床休息的，更未曾了解到他的睡眠质量有多高。张瑾之前都是晚 11 点半睡觉，早上 7 点钟起床，而如果她突然将 4 点起床作为自己的目标，这无疑是对自己身体的一种挑战。即便是前几天她靠着自己的意志力完成了目标，但是要想坚持去做这件事情，是对自己身心的一种折磨。

生活中，我们都曾有过类似于张瑾的经历：看到别人在某方面做得好，便开始以对方的标准来约束自己，而从未考虑到自身的生活习惯和身体状况，结果使自己劳心劳力，过得极其拧巴。很多时候，我们看到的光彩亮艳的外表，只是别人希望我们所看到的，并非是事情本来的样子。每个个体都是不同的，都能以自己的方式变得不同凡响，而若硬要拿他人的生活标准来衡量自己，就是违背自己的天性，和自己过不去。

在人际交往中，很多人为了讨得他人的喜欢总会拿别人的标准来约束自己。但是，你要知道，你周围有诸多的人，你不可能让人人都对你满意，不可能让每个人都对你展露笑容。通常的情况是：你顾及这个人的感受，却会有其他的人对你产生不满，甚至根本不领情。每个人的立场、眼光都是不同的，所以我们想要做到面面俱到，不得罪任何人，又想讨好每一个人，是不可能的！

从前，有一位画家，总想画出一幅人人见了都喜欢的画。经过几个月的辛苦努力，他把画好的作品拿到市场上去，在画旁边放了一支笔，并且附上一则说明：亲爱的朋友，如果你认为这幅画哪里有欠佳之笔，请赐教，并在画中做上标记。

晚上，画家取回画时，发现整个画面都涂满了记号，没有一笔一画不被指责的。画家心中十分不快，对这次尝试深感失望。

画家决定换一种方式再去试试，于是他又摹了一张同样的画拿到市场上展出。可这一次，他要求每位观赏者将其最为欣赏的妙笔都标上记号。结果是，一切曾被指责的笔画，如今都换上了赞美的标记。

最后，画家不无感慨地说："我现在终于明白了，无论自己做什么，只要一部分人满意就足够了。因为，在有些人看来是丑的东西，在另一些人的眼里则恰恰是美好的"．

此事告诉我们一个道理：无论你做什么，总会有人对你不满意。让别人去说吧，自己只管按照自己的标准和行为准则去做，就行了。要知道，嘴巴长在人家的脸上，我们也控制不了。面对别人挑剔的眼光，我们要做的就是调整好自己的心态，懂得与内在的自己和解。

俗话说："人非圣贤，孰能无过。"我们都会犯这样那样的错误。如果你还不能理解这个事实的话，请想一想你会怎样对待你的朋友呢？与朋友相处过程中，你会不会因为一件小错就嘲笑他、鄙夷他，乃至抛弃他，恐怕你不会这样做。你更可能会去包容他，接受他，帮助他。那么就用这种态度对待你自己吧。你应该相信："即使我有缺点，我会犯错，但并不代表我一无是处。其他人很可能不会介意我的错误。即使别人对我的错误无法容忍，也不代表我没有任何希望，只是说明我需要改正罢了。"

无论是哪种场合，所以，对于别人的评论，我们应当学会释然，学会与自己和解。无论在怎样的状况下，都不必活在别人的世界中，时时去担忧别人会怎么想自己，如何看待自己。而是应该学会与自己和解，并且对自己说："哦，没有人注意我，真好！"当你懂得了这种释然，你便能够体会到什么才是最为真实的、无忧无虑的生活。

别为不属于你的观众，去演绎不擅长的人生

哈佛大学著名教授泰勒·本·沙哈尔说过这样一句话：“一个人若总想着让周围的人满意，是最为愚蠢、荒谬的行为。”可是，生活中我们却经常做出诸如此类的愚蠢的事情，明明自身已经具备了不少优点，但是为了使他们满意，去做一些违心的事情，有的甚至渴望将他人的优点全部集中在自己身上，违心地演绎自己不擅长的人生。

艾菲儿是一个爱唱歌的小女孩，她的梦想便是成为一名歌唱家，她历尽艰辛，勤练唱功。可惜她长得太丑，脸很长，嘴很大，而且还长有龅牙，因为形象的问题，她若想在歌坛唱出名堂，似乎是一件不太可能的事情。

刚开始，她只是在娱乐场所驻唱，第一次在众人面前公开演唱时，她一直试图将嘴唇拉下来用以遮盖住牙齿，以为这样便能掩盖住自己的缺点，让自己看上去好看一些，但结果却适得其反，这样做不仅没有使她更好看，反而使她的样子更为滑稽可笑，让人忍俊不禁。

刚开始，她的内心充满了自卑感，觉得自己长相丑陋，注定要被淘汰掉。就在她快要放弃梦想之时，一个听过她唱歌的人，看出她在唱歌方面极有天赋，便十分坦率地对她说道：“我一直在观察你的表演，并且看得出来你在刻意地掩饰自己某些方面的缺陷，你是不是因为对自己的外形不满意，所以在刻意地掩饰呢？

女孩显得极为窘迫，一时也不知道如何回答。这位男士接着说：“如果你想唱歌给大家听，那么唱歌的时候就尽情地去唱，用你的声音和心情去唱，不要想其他的东西，只有当你自己沉浸在歌声里的时候，观众

才会跟你一起沉浸其中。“

听到这个忠告后，女孩再也不刻意地关注自己的牙齿，演唱时全身心地投入，张大了嘴巴，热情欢快地唱歌，她终于成为一名娱乐界的明星。现在反而有很多人会去模仿她。

一个人若总是关注自己的缺陷，就永远会被缺陷牵着走，文中的女孩想成为一个歌唱家，是因为她有唱歌的天赋，她的长相和歌喉本身毫无关系，当她不再去关心相貌的时候，她便成功了。因此，世界上没有十全十美之人，有的只是有缺点的人才。让内心强大起来，尽情地发挥自我的优势，扬长避短，一样能够做得很出色。

每个个体都有其独特的个性，正是因为这些个性，世界才呈现出丰富多彩来。所以，我们每个人都应该尽力地展现独属于自我的个性，而不应该为了刻意地模仿别人而使自己原有的优点与优势丧失殆尽，更不应为了不属于你的观众去演绎你并不擅长的人生。

其实，一个人若将自己的优势发挥到极致，完全可以做出一番事业的，这个事业可能很大也可能不是很大，但无论如何，要比一味地去艳羡他人、模仿别人的好。都说模仿就是死，可见模仿来的东西只是肤浅的，没有真正的内在支撑，我们最终将毫无成就。

每个人都是独特的，苦恼于生活平庸的人，往往都是因为试图将自己放进一个并不适合自己的生活模式中，与其去模仿别人，不如将自己的优点发挥到极致，本色的人或许有这样或那样的缺点，但只有做一个本色的人，才能真正地奏响生命最动听的乐曲，创造出属于自己的未来。

先宽恕的人，先得到解脱

别轻易去恨一个人，那是对自我施加的一种“酷刑”。你在恨对方的时候，对方不会受到任何的痛苦，而最终受尽折磨的却是自己。所以，生活中与人发生冲突或矛盾时，比如面对他人的故意冒犯、爱人的背叛、亲人的背信弃义、上司的故意刁难等，与其让仇恨在心中酝酿，不如学着去宽恕。很多时候，宽恕别人，也等于在放过自己，使自己得到解脱。

陈丽和高枫可谓是青梅竹马，在年轻时都曾信誓旦旦地向彼此承诺：这辈子非她不娶，这辈子非他不嫁。

后来，到谈嫁论嫁时，因为家庭的种种阻挠让他们的爱情变成了相互的一种折磨。在无奈之下，高枫就和另外一个女人结婚了。陈丽听到这个消息，感觉自己的心都要碎了，万念俱灰。她想以死来了却此生。然而，正当她准备吞安眠药的时候，心中顿时升腾出恨意来：就这样死去太便宜他了，要活下去，一生不嫁，并报复他，折磨他，让他愧疚一生，不安一生，痛苦一生。

这期间，陈丽几乎每天都要到高枫家的门前，她并不做什么，只是不停地去打扰高枫的妻子以及他的孩子。当高枫主动和她搭话，一次次尝试向她道歉的时候，而她却置之不理。她能感受到他内心所遭受的良心的谴责，但看看自己孤灯清影的寂寞，她就觉得这一切都是他造成的，他必须要付出代价，她坚持自己的报复。

就这样，陈丽每天都在痛苦中度过，终于在她 54 岁那年抑郁而终。悲哀的是，直到生命的最后一刻，她也没有感受到报复带给她的任何的快感，反而感觉自己的生命太过苍白。她不断地回味、咀嚼着自己的过往人生，她发现自己从来没有快乐过一天。在她以后整整的一生中，她的冰冷，让所有的朋友都远离了她，而她自己从来没有真正对周围的人笑过。看着满脸的皱纹，满头的银发。她开始后悔，后悔自己将自己的一生都绑在了对他的仇恨上，后悔没有体验到做妻子、做母亲的美好……

仇恨只能永远让我们的心灵生活在黑暗之中；而宽恕，却能让我们的心灵获得自由，获得解脱。对别人心存仇恨，最终最受折磨的还是自己，而陈丽如果能宽恕高枫，那么，也不至于让自己的一生都落得悲惨的下场。

其实，每个人的生活都逃不开这样的规则：所有敌对的开始就是一切悲剧的开始，无论任何时候，你在必须面对的时候，你选择的态度其实就已经决定了整个事件的走向和结局。包容和接纳就会是祥和和喜剧，挑剔和敌对就一定是争吵和悲剧。既然你已经知道了结果是什么，那为什么不选择一个好的开始呢？

一位智者曾经这样说过："你必须宽恕两次。一次是你必须原谅你自己，因为你不可能完美无缺；另外你必须原谅你的敌人，因为你的愤怒之火只会让你变得更加愚蠢。"一个人的胸怀能容得下多少人，你就能够赢得多少人。所以，生活中在与他人相处时，要学会宽以待人，即对他人不过分、不强求，以宽为怀，能让人时且让人，能容人时且容人。

有一次，几个哥们一起到陈林家去看球。

男人看球，总是离不开香烟。直到球赛结束，才发现不知不觉中，陈林和朋友已经抽了三盒烟。陈林的妻子刘晓也一直在身边陪着他们。但是，她竟然什么话也没有说，只是在他们不注意的时候，打开窗子，让新鲜的空气进来。陈林的一个细心的哥们儿感到很奇怪，便笑着问刘晓：你怎么不制止我们这么抽烟呢？

刘晓微微一笑，说：“我也知道抽烟有害身体健康，但是，如果抽烟能让他快乐，我为什么要阻止？我情愿让我的丈夫能快快乐乐地活到60岁，而不愿意他勉勉强强地活到80岁。毕竟，一个人的快乐不是任何时候或者金钱可以换来的。

三个月后，一个哥们儿再次见到陈林的时候，他已经完全戒烟了。问道：为什么，他憨笑着说：她能那么为我着想，我也不能让自己提前20年离开她呀。

其实，戒烟，本来是家庭中的一个矛盾的焦点，但是，因为刘晓的宽容，这个夫妻间的冲突和争吵，就在平静之间烟消云散了。

很多时候，宽恕就是将心比心地谅解对方的过错。仇恨、埋怨等，只会让你的世界越变越小，让你的人生之路越走越窄。既然退一步能海阔天空，我们又何必对眼前的是是非非斤斤计较呢？

莎士比亚忠告人们说：“不要因为你的敌人而燃起一把怒火，结果却烧伤了你自己。”这其实在告诫我们，做人要学会容纳，学会宽恕别人。与人方便，也是与己方便。生活中，多为别人着想，能够时时将心比心，那你的人生便和谐了。

提升气量，断绝生闷气的根源

生活中，动不动就生闷气的人，通常都是气量极小的人：稍遇不顺，马上气便不打一处来；与人一句话讲不拢，扭头便开始生闷气……要想从根本上改变自己爱生闷气的习惯，就要提升自我的气量。一个爱与人斤斤计较，没有容人、容事之量的人，其眼界是无比狭隘的，格局也是狭小的，是难以成事的。

马云说："要提升气场，就要先修炼气。"不可否认，那些真正有气度的人，人生遇到怎样的坎坷都会以微笑视之，遇到怎样倒霉的事，都会运用智慧巧妙和气地化解，这样的人处处都透着成熟、稳重与可爱，这才是真正地为自己争气。

美国前总统里根在当选美国总统之前，家里被窃，朋友曾写信安慰他。他却回信说："谢谢你的来信，我现在心中十分地平静，因为：第一，窃贼只偷走了我的财物，并没有伤害我的生命。第二，窃贼只偷走一部分东西，而非全部。第三，最值得庆幸的是：做贼的是他，而不是我。"朋友随即为他的气量深感佩服。

后来，在他竞选总统时，在一次演讲中，台下突然有个捣蛋分子高声打断了他说："狗屎！垃圾！"

里根虽然受到了干扰，但他情急生智，不慌不忙地说："这位先生，请少安毋躁，我马上就会讲到你所提出的关于环保的问题。"全场人不禁为他机智的反应鼓掌喝彩。

在他上任初期，有一次被枪击中，身负重伤，子弹穿入了胸部，情况极为危险。在生死悠关的时刻，他并没有下令立即抓捕暴徒，而是对太太说："亲爱的，我忘记躲开了。"美国民众得知总统在身负重伤时仍能大度幽默，都期望他能早日康复。也正因为他的大度镇定，稳定了当时因受伤可能产生的动荡的局势。

里根总统正是因为拥有容人的气度，才让他有了过人的气场。可以说，拥有宽阔的胸怀与气度是一个人智慧的最高体现。这样的人，其身上从日渐成熟的阅历中历练出来的从容、稳重与和善的待人接物的气质风度，是赢得朋友信赖、陌生人喜爱的精神符号。在任何时候，他们都能从容地面对生活中的磕磕碰碰，其能够从容冷静地，用自身的智慧与强大的内心一一搞定。这样的人，无论在什么情况下，都能驾驭好事业和生活的这两条船，稳当地向成功和幸福的彼岸驶去。

“问题”能让人动怒，但动怒解决不了问题

脾气不好的人但凡在生活中遇到问题，其第一反应便是动怒：孩子犯了错，上去就是一顿臭骂；下属把工作搞砸了，先对其训斥发泄一番；朋友冒犯了自己，马上以恶语回击……但是，你是否想过，问题会让我们火冒三丈，但是冒火解决不了任何问题，反而还会让问题变得更糟糕。

其实，真正聪明且富有智慧的人，在遇到问题后，第一件事就是先保持淡定、平和，然后努力去寻求解决的办法，而不是先丧失理智，对人生气、发脾气，做出让自己后悔终生的事。

世兰与丈夫结婚三年，前两年两人还算恩爱。但是，当“新鲜感”一过，她发现老公像变了个人似的，对自己的事从来不管不问，而且还发现他有“出轨”的苗头。

一次，丈夫说自己要与同事一起去 KTV，直到半夜还未归家，这可急坏了世兰。打了无数次电话，都是关机。在无奈之下，就打电话给老公的一位同事。同事告诉他，他们在单位附近的 KTV 唱歌。

世兰的心里有些不安，就从床上爬起来，决定去找老公。走到门口，心里却惊了一下：“老公在微醉的状态下拉着一位女同事的手在引吭高歌，深情处眼中还含着热泪，仿佛手心里的那只小手不是千万人可得而单单归属他一人，此情不渝，灿若珍宝。”面对此，世兰很想冲进去，给他一个响亮的耳光，但她抑制住了自己的愤怒，让自己恢复平静。因为她清楚地知道，如果她当众让老公出丑，不仅不能挽回老公的心，而且还会让他们的感情彻底变质。

随后一星期中，世兰都喜笑颜开，并不断地给老公制造惊喜。上班前一定要“吻别”，下班后温柔得像个小鸟似的，主动带老公去喝咖啡，去看电影！生活丰富起来了，老公也变得更体贴、温柔了。

有一天下班后，两人依偎着在听歌的时候，老公却突然羞愧地对世兰说起了那天自己在KTV里的不雅行为。世兰听罢，很深情地说：“那段时间是我太忽略你了，不能全怪你！”看着如此善解人意的老婆，老公紧紧地搂住了她！从那以后，她的丈夫一下班就往家跑，再也没有出现过半夜还不见人影的事情了！

由此可见，人只有在清醒、理智的状态时，才能将问题顺利解决。所以，生活中，我们切勿一遇问题便乱发脾气，以将问题打上死结，将自己推入绝境中。

当然了，要有效地“制怒”，你可以试试理智控制法，即当你要动怒时，最好先让理智行一步，仔细地想想你发怒后，会造成怎样的后果。或者你也可以进行自我暗示，口中默念：“别生气，这不值得发火”“发火是愚蠢的，解决不了任何问题”等。也可以让自己在即将发火的一刻给自己下命令：不要发火！坚持一分钟！一分钟就坚持住了，好样了，再坚持三分钟！二分钟坚持住了，我开始能控制自己了，不妨再坚持一分钟。三分钟都坚持过去了，为什么不再坚持下去呢？如此这样，你的理智就可以战胜情感了。

第七章

不念过去，不畏将来：全然地活在“当下”

——舍弃空念，梦里忧欢终枉然

生活中，我们很多的忧虑、担心和痛苦，都是凭自己的意念空想出来的。我们总是会沉浸在过去的岁月中，独自抚摸伤痕、舔舐痛苦，无端地让自己的生活多出许多不快乐来；另外，我们总会为不确定的未来而忧心忡忡：担心下月的房租怎么办，几年后还如此贫困怎么办，万一爱人离开自己怎么办，孩子将来考不上好学校怎么办……可其实走完这一段之后再回头看，真正能被记得的事真的没有多少，真正无法忘记的人屈指可数，真正有趣的日子不过是那么一些，而真正需要担忧的事情也是寥寥无几。正应了那句，诉说未来的人是在骗别人，沉湎过去的人是在骗自己，要与生活中的忧虑真正诀别，要与痛苦中的自己真正达成和解，就要时刻提醒自己，要活在“当下”，让你的精力全部用在当下的人与事，不念过去，不畏将来，那么，你的人生将会是充满快乐和幸福的。

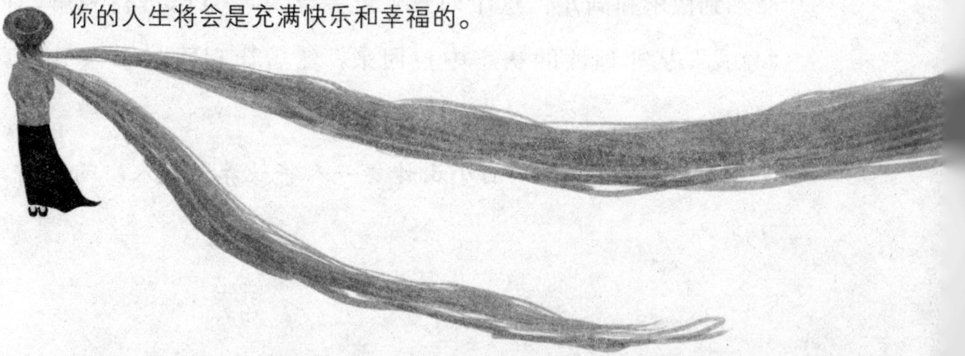

与自己和解：让所有的感觉全然地处于当下

心理学家认为，人类受苦的根源是来自于我们大脑的思维。确切地说，是我们失控的思维，也正是它让我们成为负面情绪的“受害者”。很多时候，我们的思维总是不受自我的控制，使原本的“理性”像洪水一般泛滥成灾，让悲伤或痛苦逆流成河。比如，在凌晨三点钟时，你躺在温暖的被窝中，却为白天同事的一句无心的话而气得睡不着觉。可引发你发怒的人则早已安然入梦，那件事情其实已经过去了，但你的思维却不放过你，一再地用它旧有的看事情的模式来解释那个人有多么地对不起你，那句话将带给你怎样的负面影响。你越想越气，似乎整晚都无法入眠了。当你第二天早晨起来，拖着疲惫的身躯，带着黑眼圈再次走进办公室时，昨天那个“得罪”你的同事，依然对你笑脸相迎，并和气地与你交流工作。这时，你会在心中责备自己：昨晚的想法真是愚蠢呀，问题根本没有自己想的那么严重！……其实，从心理学的角度分析，这便属于病态的思维，不受控的大脑空想，是让我们深陷痛苦的主要原因。

大脑的不切实际的病态思维，不仅能置我们于痛苦之中，还会改变我们的生活环境，这便是所谓的“境由心转”！它让我们远离了真实的“自我”。正如心理学家分析的那样：虚空的思维让我们远离了真实的自我，是我们受苦的元凶。它让我们产生孤立感，惶惶不可终日，始终感受不到快乐和满足。这个时候，就要学着与自己进行和解，将真正的“自我”从非理性的状态中拉回来，然后让它回归于当下最真实的世界中。

刘静是一个孤儿，自小由姥姥一人将她养大成人。两年前，她的姥姥也去世了，刘静痛苦万分，精神处于极度的抑郁状态，自那之后她便落下了头痛的毛病，每每发作起来都极为痛苦。对此，医院建议她去看心理医生。刘静来到一家心理诊所，为她看病的是一位和蔼的女医师。

“你现在头痛吗？”心理师问她。她说痛。

“这是因为你不让你自己去感受你的感受。”

刘静有些吃惊，似乎不太明白心理师的意思。心理师微笑着让她平静地躺下来，然后吩咐她闭上双眼，引导她进入深层的“存在空间”。

刘静按照心理师的话，与身体和呼吸同在当下，并与每一刻她所听到的声音同处于当下。

“现在我请你和头痛同处于当下，它是当下时刻的一部分，它有权力在这里，并完完全全地去感受它，跟它在一起。并在心中对它默念‘是’”。

当刘静与头痛共处于当下时，其自小便隐藏于内心的“孤独感”逐渐地呈现，她开始哭泣。

“就让眼泪流吧！”心理师告诉她，“它们有权在这里！”

她哭得更为厉害了，而且又开始抱怨胃很疼。对此，心理师指出，当我们压抑内心的感受时，这种感受便会持续性地引起我们的注意，它便会显现为肉体的疼痛。于是，刘静的眼泪开始在她的脸颊流下，她终于在泪水中开口了。

“我觉得自己孤立无助！”

“孤立无助的感觉也有权利在这里，去感受它，与它同处于当下。“

慢慢地，刘静感觉自己舒服了许多。经过几次的心理治疗，她内在积蓄多年的抑郁情绪也得到了释放，头痛的症状减轻了许多。

根据刘静的描述，她是由心理而引发的生理上的疼痛。这位心理师处理的方式很简单，就是鼓励她把身上每一刻所呈现出来的东西完全置于当下。让她跟随着引导，去感受她所有的感受。也就是让她自己所有的感受全然地归属于自己，进而让她将心中的抑郁情绪全部排除干净，最终使她自己真正地归于平静。其实，这个过程就是与自己和解的过程。

与自己和解，便是一个疗愈自我创伤的心理学的过程，在真正的治疗过程中，必须要求你回归最真实的天性。这就好比是剥洋葱，一层一层地剥，直到本质的你显露出来，回归到你的天真无邪，回归到你的整体。

在疗愈和释放的过程中，很重要的一点就是不要试图除掉任何东西，不要试图去做任何分析，更不要试图去修正任何东西。你只是允许那些被你压抑的痛苦情绪和记忆侵入意识中，因为在当时，你要完全地、有意识地去经历它们，实在是太过痛苦了。当感受浮现，进入深知与负责的表达中，过去也便完整了，并且从你与你的灵魂中被解放出来，从而获得身体与心灵的和谐与舒服。

未来不迎，当时不杂，过往不恋

关于如何摆脱因为空想而产生的忧虑和纠结，曾国藩曾提出了一个妙方，即："未来不迎，当时不杂，过往不恋。"就是说，未来发生的事情，我根本就不迎上去想它；当下正在做的事情，不让它杂乱，要做什么就专心做什么；当这件事情过去了，我绝对不留恋。这个小妙方，其实包含三个方面的意思，一是要着眼于当下，好好把握眼前的时光，竭尽全力做好正在做的事情；二是不忧虑未来可能出现的矛盾；三是要勇于放下过去，切忌为过去的事或人而纠结或悔恨。

生活中，许多人喜欢预支明天的烦恼，想要早一天解决掉明天的烦恼。要知道，明天如果有烦恼，你今天是无法解决的。还有的人总喜欢为过去的经历耿耿于怀或悔恨不已，殊不知，昨天已经成为生命中永久的过往，你再痛苦都无法让昨天重来，何必让今天为昨天的痛苦买单呢？其实，每一天都有每一天的人生功课要交，努力做好今天的功课再说吧！

汉宣帝继位之初，下诏想把祭拜汉武帝的“庙乐”升格，不料却遭到了当时任光禄大夫的夏侯胜的反对，丞相、御史大夫等公卿大臣们一阵惶恐，夏侯胜胆敢反对皇上的诏书，这还了得！于是便马上联合上了一道奏章，弹劾夏侯胜“大逆不道”。顺便把不肯在奏章上签名的丞相黄霸也以“不举劾”的罪名一道上报给了皇帝。于是这两个人被一起逮捕下狱，判了死罪，等待择日处死。

夏侯胜在当时是有名的大儒，尤其精通《尚书》，素来性情耿直，不会阿谀逢迎，如今受此大辱，郁郁寡欢，想皇上的寡恩，想人生的无常，不免心灰意冷。好在那个更冤的黄霸跟他关在了一起，寂寞之中，还有人可以说说话。

黄霸生性乐观，他早就仰慕夏侯胜是个大儒，只是无缘亲近，没想到因意外的灾祸被关进了同一间牢房，他心想：“原来天天忙工作没有时间，现在时间也有了，而良师近在眼前，为什么不赶紧补上这一课呢？”黄霸便将求教之意告诉了夏侯胜。夏侯胜苦笑，说：“咱们都犯了死罪，明天就要被处死了，现在读经有什么用？”黄霸说：“孔子有言：‘朝闻道，夕死可矣。’人应该活在当下，抓住现在，学有所得，心有所悟。今天就是快乐的，何必管虚无缥缈的明天呢？”夏侯胜听了精神为之一振，内心里大为感动，当即答应了黄霸的请求。从此俩人席地而坐。每天夏侯胜都悉心向黄霸传授《尚书》，黄霸尽心听讲，二人日夜讲学津津有味，研读到精妙处。时不时还拊掌大笑。弄得监狱的看守过来察看，结果是一头雾水，搞不懂两个将死的人为什么这么快乐。

事后，有人促请汉宣帝该把夏侯胜和黄霸执行死刑了，宣帝派人到狱中调查这两个人是否心中哀痛，有悔改之意，调查的人回报说他们每天以读书为乐。面无忧色。汉宣帝心中不满，但也感叹俩人之贤，不忍杀之，以至此案久拖不决。

虽然身在监牢之中，决意活在当下的夏侯胜和黄霸心无阻碍，没有什么能够束缚住他们了。时间不再是他们的敌人，因为专注于当下的事情，不知不觉间两个冬天便过去了，他们也没有感到时间的漫长，反倒是学问研究得愈益精到，思想有了长进，精神也更加充实。

两年后的一天，汉宣帝大赦天下，夏侯胜和黄霸得以出狱，不过他们并没有被逐回老家，而是又直接被宣进朝廷，夏侯胜被任命为谏大夫，留在皇帝身边，黄霸为扬州刺史，外放做官。后来夏侯胜因为正直博学做了太子的老师，九十岁逝世，为谢师恩，太子为他穿了五天素服。天下儒生都引以为荣。黄霸以精明干练、政绩卓著名扬天下，后来官至丞相，史书评价他，自汉朝建立以来，才能卓异的丞相多多，但论到治理百姓，则“以霸为首”。

可见，“未来不迎，当时不杂，过往不恋”是一种全身心地投入人生的生活方式。当你专注于当下，而没有过去拖在你后面，更没有未来拉着你向前时，你全部的能量都集中在这一刻，生命因此具有一种强烈的张力，这种张力甚至可以改变糟糕的现状，就像夏侯胜和黄霸一样，全然专注于当下时，所有的劫难也就自然化解了。

所以，当你在为过去或未来虚幻的事情忧虑时，请记得用曾国藩的那句话提醒自己，努力真正地做到未来不迎，当时不杂，过往不恋，当你的精力专注于当下或眼前的事情时，你脑中所有的虚空的幻想便都烟消云散了。

忧虑时，就让自己“忙”起来

其实，在生活中那些专注于自己手中工作的人，很少会因为忧虑而精神崩溃，因为他们没有时间去享受这种“奢侈”；在烈日炎炎下劳动的人也没有时间去忧虑……所以，遇到忧虑，不去想它，让自己忙碌起来，你的血液循环就会加速，你的思想就会开始变得敏锐——让自己的手脚一直忙着，让思想专注于眼前的事，这是治疗忧虑的最好最有效的良药。

身为单亲妈妈的玛丽曾经遭遇过两次不幸，第一次是她可爱的五岁的女儿因为患病匆匆地离开了她，当时她简直被这件事情击倒了。然而，更不幸的是，半年后，她的爸爸因为意外的车祸也永远地离开了她。这接二连三的打击使人无法承受。那段时间，玛丽为此而吃不下饭，无法休息或放松，精神受到致命的打击，信心丧失殆尽，吃安眠药和旅行都没有用。她的身体好像被夹在一把大钳子中，而这把钳子愈夹愈紧。

不过，感谢上帝，她还有一个八岁的儿子，他教给了玛丽解决忧虑的方法。一天下午，她呆坐在那里为自己难过时，儿子对妈妈说：“妈，你能否给我做一条船?”

“我实在没兴趣。”可这个小家伙很缠人，她只得依着他。

造那条玩具船大约花费了玛丽三个小时，等做好时她才发现，这三个小时是她许多天来第一次感到放松的时刻。

这一发现让本来痛心不已的玛丽如梦初醒，她几个月来第一次有精神去思考。她顿时明白，如果自己忙于工作，就很难再去忧虑了。对她来说，造船就把她的忧虑整个都冲走了，所以玛丽决定与其让自己闲着胡思乱想、忧心忡忡，不如让自己不停地忙碌起来。也就在那一天晚上，玛丽巡视了每个房间，把所有该做的事情列成一张单子。有好些小东西需要修理，比方说书架、楼梯、窗帘、门把、门锁、漏水的龙头等等。两个小时内，她为自己列出了200多件需要做的事情。

从此，玛丽的生活中充满了启发性的活动：每星期两个晚上她到市中心去参加成人教育班，并参加了一些小镇上的活动，偶尔她会协助红十字会和其他机构去募捐等。那些忙碌的事情已经让她无暇去忧虑。

“没有时间忧虑”，这也是英国首相丘吉尔在战事紧张到每天要工作18个小时时说的。当别人问他是不是为那么重的责任而忧虑时，他说：“我太忙了，我没有时间忧虑。”其实，人生有很多的忧虑是空想的结果，这些都是对当下生命的一种浪费。所以，当你处于忧虑状态的时候，不妨给自己找些事情来做，它是驱赶忧虑最好的良药。

卡耐基说：“无所事事者常会给自己留下忧虑的时间，置自己于痛苦之中；而忙碌的人，尤其是忙于帮助别人的人，就没有时间沉湎于忧虑中。”

让自己不停地忙着！忧虑的人一定要让自己沉浸在工作中，否则只有在绝望中挣扎。人生在世，只有短短几十年，如果你为一些一年半载就会忘了的人生小事而忧虑，浪费了很多时间，请你仔细想一想：值吗？

其实，关于用忙碌排遣忧虑的方法，也深受戴尔·卡耐基的追捧。他在《人性的弱点》一书中，曾给那些为生活在苦恼中的人们制订了一份计划，这份计划的重点就是：用具体的行动去充实生命的每一个“当下”：

今天我要用行动来提升我的心灵。我要学习，不让心灵空虚。我要阅读有益身心的书籍，提高我的修养。

今天我要做三件事：我要默默地为某个人做一件好事，我还要做一件我以前不愿做的事、一件不敢做的事。做这些事的目的，只是为了锻炼我的勇气和勤勉，让我不致懈怠。

今天我要让自己看起来更美丽。我要穿着得体、举止大方、谈吐优雅。我要多予赞赏，少作批评，不让自己抱怨，不去挑任何人的毛病。

今天我要全心全意地只过好这一天，不去想我整个的人生。一天工作12个小时固然很好，可如果想到一辈子都要这样度过，我自己都会觉得恐怖。

今天我要制订计划。我要计划每小时要做的事。可能不会完全按照计划实现，但我还是要计划，为的是避免仓促和犹豫不决。

今天我要给自己留半个小时的时间静息片刻，让自己思考一下我的人生。

今天我要很开心。只有现在的行动才能给我带来无尽的幸福和快乐。

……

为了从此不再让烦恼纠缠自己，请立即行动起来吧，只有让自己切实地行动起来，才能让内心获得平静和充实，才能让自己把握机会，看到更为光明的未来。

一年后你还会在乎你当时所担忧的事情吗

生活中，让我们懊恼、生气，置我们于烦躁、纠结之中的往往大都是小事。如果当下的你正为一件不起眼的小事而纠结、烦恼，那么，请你把目前你所面对的情况，假想成不是现在正在发生的事，而是一年后的事情，然后，再仔细地询问自己：“这个情况真的有我所想的那么严重吗?”其实，目前你所过于在乎的事情，如果将它放在无限遥远的生命长河中，就显得很轻微了。这样，你就可以摆脱因小事而带来的烦恼了。

因为老公一而再，再而三地背叛自己，沈眉坚决地与他办了离婚手续。那一段时间，她都以泪洗面，沉浸在痛苦之中无法自拔。两周过去了，她才清醒地意识到，她与丈夫的缘分真的到了尽头，当下她唯一的出路就是要让自己强大起来。

她用水洗净脸上的泪痕，化好妆，用漂亮的字列出一张新的生活计划表：上午去学习简笔画，晚上练习彩画。就这样，她依照计划表开始了新的生活。半年过去了，她的气色好多了，人也变得精神了，而且已经能独立地设计令自己满意的作品来，简笔画也画得让众人称赞，她觉得自己底气十足。

随后，她到了一家大型的广告策划公司，从普通员工做起。尽管收入不高，但这是她人生的一个新起点，她有足够的时间和动力去挑战新的工作。熟练的设计、优雅的衣着、卓越的能力，都让她成为一个魅力四射的女人。28 岁后，她开始慢慢地升职加薪，一直到设计总监。四年后，32 岁的她拥了自己的一家广告公司。她开始与一位位追求自己的优秀的男士约会，独享爱情带给自己的美好。其中，一个有留美背景，家道殷实的男士，欣赏自信独立的女人，对她展开了猛烈的追求。

她的生命又重新焕发出热情来，当下的她每当回忆起离婚的事情来，她的心中再也感受不到伤痛，有的只是感激，正是那个不信守承诺的男人让她真正地强大了起来。

其实，我们每个人都是如此，你当下所痛苦和担心的事情，在你漫长的生命长河中，不过是一粒不起眼的沙砾罢了。无论今天你跟你的爱人吵架，跟小孩闹脾气，或者跟上司、同事起冲突，甚至是自己犯的一个致命的错误，一个机会的丧失，一个遗失的皮夹，一个客户的拒绝等等，一年甚至几年后，它们都会统统地在你的生命中被遗忘，就算有人向你提及，你可能也不会真正地在乎它们了。所以，如果你正在为当下的一件小事而烦恼时，那就请将你的眼光放得长远一些吧。

当然，你还可以再回首一下自己曾经走过的路，你就会发现，当初那些让我们都觉得天都要塌了的困难，在现在看来只不过是一些鸡毛蒜皮的小事而已；当初那些让人感到快要窒息的斥责，现在看来也显得极为可笑了；过去那些令自己万分痛苦的事情，现在也只是供自己茶余饭后闲聊的一个话题罢了……一切的一切，都已经成为永远的过往。再痛苦，再不幸，也只是生命中一个过往而已，只要将心灵放大一些，不要将那些不快留在我们眼前或者心中，一切都会成为永久的过往。

所以，不要太去计较眼前的一些痛苦和烦恼，那只会缩小我们的内心，心小了，如何能装得下未来的大千世界呢？

全力专注于“当下”的时光

威廉·格纳斯是一位著名的心理医生，在行医的过程中，他接触最多的就是因为焦虑或忧愁而生病的人，这些人不是总爱为过去而忧虑就是为未来而担心，长期闷闷不乐，最终损害了健康。为了能够彻底地治疗这些病人，威廉·格纳斯为他们开了一个极为简单有效的方子：他告诉这些病人，生命的每一个刹那都是唯一，只要尽力地过好生命中的每一个刹那就可以了。他的意思是说，只要把今天或当下的事情做好，只要尽力使当下快乐和满足就可以了，无须再为过去的昨天或未知的明天担忧。

他说：“我们生命的每一个时光都是唯一的，不复返的，所以我们要活在此刻，不要让明天或过去的忧愁将其浪费掉。只要你无限地珍惜此刻和今天，还有什么事情值得我们去担心的呢？每天只要活到就寝的时间就够了，不懂抗拒烦恼的人总是要英年早逝。”的确如此，如果我们每天都处于忧虑之中，身体早晚会被过去与未来的事情所拉断。

过一天就努力让自己开心一天，如果我们将自己的精力更多地用来关注眼下的时光与日子，将日子分成一小段一小段，所有的事情就可能会变得容易得多。如果我们只专注于生命“当下”的时光，就没有时间去后悔，没有时间去为未来担忧，烦恼也就不存在了。

柯西是个聪明的孩子。半年前，最疼爱他的外祖母去世了，所以，小家伙很是伤心难过。因为内心的忧伤无从排遣，为此他每天都郁郁寡欢，茶饭不思，更没有心思学习了。这种痛苦的状态已经持续了大半年时间，周围的人都说他是个重感情的好孩子，但是他的父母却极为着急、焦虑，因为大半年时间里，他的忧郁已经严重影响了他的健康。

他的父母也不知如何安慰他。一次，柯西的外公来到他们家，看到如此情形，就决定和他聊聊天。

“你为何如此伤心呢?”外公问他。

“因为外祖母永远离开了我，她再也不会回来了。”他回答。

“那你知道还有什么永远也不会回来了吗?”我问道。

“嗯……不知道。还有什么会永远不会回来的呢?”他答不上来，反问道。

“你所度过的所有的时间，以及时间中的事物，过去了就永远不会回来了。就像你的昨天过去，它就会变成永远的昨天，以后我们也无法再回到昨天弥补什么了；就像你的爸爸以前也和你一样小，如果他在你这么小的时候不愉快地玩耍，不好好学习，牢牢地为未来打好基础，就再也无法回去重新来一回了；也就如今天的太阳即将落下去，如果我们错过了今天的太阳，就再也找不回原来的了……”

柯西是个十分聪明的孩子，听了外公的话后，他每天放学回家就会在家的院子里面看着太阳一寸寸地沉到地平线下面，他知道一天真的就这么过完了，虽然明天还会升起新的太阳，但是永远也不会有今天的太阳了，他懂得不再沉溺于过去的悲伤之中，而是振作起来，好好学习和生活，认真地把握住自己度过的每一个瞬间。

我们生命中的每一个当下都是独一无二的，它既不是过去的延续，也不是未来的承接。时间是由无数个“当下”串联在一起的，每一个瞬间、每一个当下都将是永恒。所以，当我们吃饭的时候，要全然地吃饭，不要管自己在吃什么；当我们玩乐的时候，要全然地玩乐，不管在玩什么；当我们爱上对方的时候，要全然地去爱，不要计较过去，也不要去算计未来。就像《飘》里的女主角郝思嘉一样，在自己烦恼的时刻总是对自己说：“现在我不要想这些烦恼的事情，等明天再说，毕竟，明天又是新的一天。”昨天成为过去，明天尚未到来，想那么多干吗，过好此刻才最真实，否则，此刻即将消失的时光，上哪儿去找？

人生，当下亦是真，缘去即为幻。所以，所有生活在烦恼中的朋友都要共勉：眼前的每一瞬间，都要认真地把握；当下的每一件事，都要认真地去做；生命中的每一个人都要认真地对待，别让发生过的或没有发生的占去一瞬永恒的时光，因为“缘去即为幻”，别让自己徒留“为时已晚”的遗恨。逝者不可追，来者犹可待，当下的时光是生命中最为珍贵的时光——生命的意义就是由这一个个唯一的刹那构成的。

别总盯着结果，懂得在过程中体味幸福

美国作家威廉·杜朗曾经叙述过他曾经寻求幸福的过程。他先从知识中寻找幸福，得到的只是幻灭；从旅行中找，得到的只是倦怠；从财富中找，得到的只是争斗和忧愁；从写作中找，得到的只有劳累。然而有一天，他从车站里面出来，看到一辆小汽车里坐着一位中年妇女，怀里抱着一个熟睡的婴儿。一位中年男子从火车上下来，径直走到汽车旁边。他吻了一下妻子，又轻轻地吻了一下婴儿——生怕把他惊醒。然后，这一家人就开车离去了。这时杜朗才惊奇地发现什么是真正的幸福。他高兴地松了一口气，从此懂得：幸福存在于生活的过程中，生活的每一个正常活动都带有某种幸福。

然而，在现实生活中，我们却总是认为幸福在于某一生活或工作目标的实现，为此，我们总是被生活的忙碌所累：每天上班、下班，忙碌一天后，多数人还要被无休止的应酬所缠绕，我们的心灵好像被上了发条一般，生命也变得机械、紧张、麻木、苍白，丝毫感受不到生活的任何精彩和乐趣。我们的眼睛似乎总是盯着结果，觉得只要挣足了钱，便会感到幸福和满足，觉得事业成功了，便能从中获得满足感和荣誉感，觉得疲惫了，只要换个地方来一次旅行，便能使心灵得到休憩……我们总是盯着所谓的"结果"，却不懂得去享受其中的乐趣。

要知道，生活的真谛在于追求幸福的快乐，幸福是过程，不是忙碌一生后所达到的顶点，紧张与麻木更不是生活该有的常态。为此，我们懂得从生活的每一件事情中去搜寻意义和乐趣，并从中享受快乐和幸福，如此才能让生命和生活过得有意义。

布朗是美国一家麦当劳的一名普通的职员，他每天的工作就是不停地做很多相同的汉堡，没有任何的新意。在岗位上坚持三个月后，布朗便很快地对他的工作产生了厌倦，每天都愁眉苦脸的，回到家便会找妻子抱怨，诉说自己的工作有多么的无聊和乏味。妻子告诉他，与其如此痛苦，何必还要苦苦坚持去做呢？布朗告诉她，他身无所长，除了这类的工作，貌似找不到其他的工作来养家糊口了。妻子便说，那你何不学着从工作中找寻乐趣呢？布朗觉得有道理。

从此之后，布朗便开始学着去调整心态，开始怀着崇敬的心情去做汉堡，将它们都看作一个个工艺品，用心去做。自此，他觉得自己活得开心了许多，每天脸上都挂着微笑。

他的这种真挚的快乐，感染了他身边每天都垂头丧气，牢骚满腹的同事。有的同事问他，为何对这样一件毫无乐趣的工作充满了激情？布朗说道，之前我与大家一样，做汉堡这件事对我来说，其意义就在于每月能领到糊口的薪水，那种日子是充满愁苦的。而如今，我开始学着享受这项工作了，我每做出一个汉堡，就能感受到顾客因为它的美味而感到快乐，那我也体味到这项工作所带给我的成功，那真是一件美妙的事情啊。我每天都会感谢上天赐予我如此好的工作。

因为布朗的快乐的心情与用心的服务意识，这家店的生意开始变得异常地好，名气也越来越大，最终传到了麦当劳总管的耳朵中，布朗于是得到了一个高层管理的职位。

很多时候，当你带着极强的功利心去工作时，你的工作充满了枯燥和乏味，而当你能活在“当下”并能仔细地享受其中的时候，工作就会变成你人生的一种乐趣。所以，在工作中，我们切勿太过计较工作本身带给你的报酬，而是应该使自己全身心地处于“当下”，在工作过程中发现或挖掘乐趣，享受其中，那么，所有的愁苦便不存在了。不仅在工作中，生活中也是如此，当我们不情愿或不愿意去做一件事，而此事必须要做的时候，你要学着与自己抗拒的内心和解，别用抗拒的心态去对待事情，而应该转变心态，融入其中，让自己的心与身都专注于“当下”，那么，你便很容易就能从中找寻到乐趣，并使自己真正地开心起来。

别为偶尔的批评生气

无论是工作还是生活中，我们总会遇到与我们意见相左的人，当我们表达自己的看法或做法时，会遭到他人的否定和批评。面对这些批评，我们常会感到不舒服，而且还会据理力争，甚至还会与他人大吵大闹，结果使事情变得更糟。事实上，很多时候，他人对你的批评，实际上是表达自我观点的做法，有的也是为了帮你改正错误，我们要怀着一颗宽容的心去体谅对方。还有一些人对你提出批评或否认则是嫉妒你的表现，证明你本身很优秀，如此优秀的你，更不必去与他人计较了。

柏拉图在年轻的时候就已经非常有成就了，有一次，一个朋友送了他一把很精致的椅子，来表达自己对柏拉图的尊敬和肯定。

一天，柏拉图邀请了很多人到家中做客，大家看到了那把精致、漂亮的椅子后，纷纷询问它的来历。柏拉图高兴地给大家讲解，知道之后，大家也都纷纷对柏拉图表示赞赏。突然，其中一个人跳上那把椅子，疯狂地乱踩、乱跳，嘴里还不停说道：“这把椅子代表着柏拉图心中的虚荣与骄傲，我要把他的虚荣给踩烂！”

这个人的举动让在场的所有人都吓了一跳！但随后柏拉图做了一个安静的动作，只见他从容淡定地回房间拿来了一块抹布，把那把已经被踩得脏兮兮的椅子擦拭干净。之后还请那位踩椅子的朋友坐下，不紧不慢地用诙谐并颇具深意的语气说道：“谢谢你帮我踩碎我心中的虚荣，现在我也帮你擦去你心中的嫉妒。这会儿，您可以心平气和地坐下和大家喝茶、聊天吗?”

有些人对那些无中生有的污蔑表现得异常激动，甚至反唇相讥，其实那都是没有必要的。如果换一种角度来看，当你遭到诋毁时，反倒应该觉得庆幸，这通常意味着你已经获得成功，并且深受别人的注意。因为正是你极具重要性，别人才会去议论、去关注、去污蔑。所以不要理会这些无聊的人，事实会让流言不攻自破。面对不善的诋毁，平静并优雅地给予回击是最有力度的反击。

有一次，爱德华·史丹顿称林肯是“一个笨蛋”。史丹顿之所以生气，就是因为林肯干涉了史丹顿的业务。为了取悦一个很自私的政客，林肯签发了一项命令，调动了某些军队。史丹顿不仅拒绝执行林肯的命令，而且大骂林肯签发这种命令是笨蛋的行为。当林肯听到史丹顿说的话之后，他很平静地说：“如果史丹顿说我是一个笨蛋，那我一定就是个笨蛋，因为他几乎从来没有出过错。我得亲自过去看一看。”

林肯果然去见了史丹顿，也知道自己签发了错误的命令，于是收回了这项命令。只要是诚意的批评，是以知识为根据且有建设性的，林肯都是非常欢迎的。

如果我们所面对的批评是正确的，我们就应当虚心接受，并立即改正自己。世界上没有完美的人，每个人都存在缺点和错误。而批评是改正缺点和发现错误的良药。有句话说得很好，“是吾是者吾友也，非吾非者吾师也”，能够对自己的缺点、过失进行客观、公正、中肯的批评的人，正是关心自己的人。

有时候批评带来的不只是麻烦，它也许是让我们改正自己、鞭策自己的动力。如果我们遭遇的是恶意的、不公正的批评时，也不必忧虑，不必怨恨。往往对你进行恶意批评的人，从某种意义上来说是他对你存在嫉妒的心理。所以，当你受到别人恶意的批评时，你一定是在某些方面超过了批评你的人，才会引起他的嫉妒。因此，对于这种变相的“恭维”，你大可不必为之抓狂。

益则收，害则弃。对于正确的批评，我们应该欢迎，哪怕言辞激烈或只有1%的正确。但对于纯属恶意的人身攻击，诽谤、诋毁、中伤，我们如果不想被它所害，那就只有不去理会。我们要学习接受别人的批评，勇于改过。别人纵然误会我们，说错了，也不以为怪，不必计较，也不必争论，有则改之，无则加勉。

木屑已经很碎了，何须再去锯呢

为过去的事情懊悔、自责或忧虑，本身是对生命的一种浪费，因为生命的本质在于“当下”。对此，卡耐基说：“为那些已经过去的事情忧虑，你不过是在锯一些木屑，那完全是在做无用功。与其浪费力气和时间做这样的无用工，不如忘掉它，想一些积极的方法防止类似的事情再发生。”的确，过去的事情再也不会有重来的机会了，与其忧心忡忡，浪费当下的时光，不如平静地分析错误，从中吸取教训——然后再把错误忘掉。

在几年前，露西在北京一处繁华的商业中心地带开了一家英语补习班，刚开始她就在房租和广告费上花了一大笔钱。再加上当时她只顾忙着上课，既没有时间，也没有心情去管理财务。而且当时的她也很天真，不知道应该有一个优秀的业务经理来安排各项的支出。

过了差不多一年，她突然发现，虽然补习班的收入不少，但却没有获得一点利润。这个时候，她本该静下心来反思两件事情：第一件就是将损失的那些费用立即从脑子中抹去，然后再也不去提及。第二件就是认真分析错误，并从中吸取教训。可这两件，她一样也没有做。相反的，一连几个月都恍恍惚惚的，觉也睡不好。不但没有从中学到任何东西，反而接着又犯了一个稍小的同类错误。接下来，她的补习班亏损得更多。为了尽快扭转方向，她只好打起精神，开始悉心地关心财务，开始想着算计着如何开源节流。几个月后，她的培训班的财务状况有了明显的好转，逐渐地开始盈利并走上正轨。

事后，露西曾对朋友说，解决问题本身是件简单不复杂的事情，早知道如此，何必当初被忧愁折磨那么长时间呢！

其实，生活中，如露西一样的人有很多，问题出来了，只懂得一味地抱怨、忧愁，一味地“锯木屑”，只能错失当下的机会或幸福。其实，人在做了让自己懊悔的事情后，最应该做的就是平静地反省自我，做出积极的反应来弥补错误。

保罗博士是美国纽约市一所著名中学的教师，他在任教期间发现这样一个问题：班上的有些学生平时看起来很用心，但总是考不出好成绩。

为此，他就对这些学生展开了调查，发现这类学生经常会为过去的成绩而感到不安，他们经常生活在过去的阴影里，只要有一次考试失败，他们就会生活在自责之中，以致影响了下一步的学习。有的学生甚至从交完试卷后就开始为自己的成绩忧虑了，总担心自己不能及格。为了开导这类同学，保罗博士给他们上了这样一堂难忘的课。

有一天，保罗博士把这类学生招集到实验室，在给他们讲课的过程中，无意间就把一瓶牛奶放在室验桌上。下面的学生们很是不明白这瓶牛奶与自己所学的课程到底有什么关系，只是静静地听着他在讲课。忽然，保罗博士就站了起来，一巴掌将那瓶牛奶打翻在地上，并大声喊道：

“不要为打翻的牛奶哭泣!”

课堂上的同学都震惊了，但是保罗博士却叫所有的学生都过来，并围拢到洒满牛奶的地方仔细观察那破碎的瓶子与淌着的牛奶。博士一字一句地说：“你们仔细看一下，现在牛奶已经淌光了，无论你再抱怨，再后悔都没有办法去取回一滴。你们要是在事前做一些预防的措施，那瓶牛奶还可以保住，但是现在却晚了。我们现在唯一能做的就是尽快地将它忘掉，然后注意下一件事情。我希望你们永远能够记住这样道理!”保罗博士的这些演讲，使所有的学生学到了课本上从未有过的人生道理。

“不要为打翻的牛奶哭泣”这是老生常谈，却是人类智慧的结晶。即使你读过各个时代很多伟人写的有关忧虑的书，你也不会看到比“不要为打翻的牛奶而哭泣”更有用的老生常谈了。事实上，只要我们能多利用那些古老的俗语，我们就可以过一种近乎完美的生活。

有一句俗话说得好：“即使动用国王所有的人马，也不能挽回过去。”的确，过去的事情，你再后悔也没有办法将过去的时光重来一遍。所以，既然过去了，就让它过去吧，我们没必要挽留，也不能挽回，为此而忧虑是于事无补的，是在做无用工，不要试图去锯那些早已锯碎的木屑了。

专注冥想：用提升专注力来平衡情绪

生活中，你是否常会因为一些小事而分心，很难集中你的注意力，即便暂时集中了也很容易在关键时刻走神？你是否会常在游玩的时候，常会因为想起工作中的某些事而焦虑或纠心？你是否会在工作中提不起精神，不时地打哈欠、犯困，而到了该休息的时候又生龙活虎、精力充沛？你是否因为工作任务繁多而乱了章法，眉毛胡子一把抓，到最终一项任务也未完成？以上这些都是注意力不够或者无法集中的表现。要知道，无论在工作中，还是在生活中，良好的注意力是我们提升效率，提升生活质量的有力武器，它能让人事半功倍，更好地投入生活的每一个“当下”时光。

但是，在快节奏的生活中，我们似乎已经忘了如何提升自己的专注力了，而下面的冥想法则可以帮你解决这一问题。另外，你在进行其他冥想时，这个方法也可以使你快速进入深层次的冥想状态。

1. 找一个舒服的姿势，让自己在放松的同时，也能够保持机敏。你可以选择闭上眼睛，也可以睁开眼睛，盯着半米外的某一物体。

2. 尝试着回想某个特别专注的人，想象如果他是自己会是什么感觉。这个人可以是你熟悉的，也可以是你了解的历史上的人物。感受冥想所带给你身心的和谐将你深深地包围，让你沉浸其中，滋养你，帮助你，温柔地把你的意识和大脑都拉向一个更加健康的方向。

3. 保持呼吸均匀，并在 5 分钟内深切地体验你的每一次呼吸，从开始到结束，都要细细去体验。想象你的意识中有一个小小的守护天使，它紧紧地守护着你的注意力，一旦你开始走神就会立刻提醒你。把你的全部注意力都投入到每一次的呼吸上面，尽力将其他的杂念统统排空，学着忘记一切，所有的一切都只剩下现在的每一次呼吸。

4. 现在你的意识已经非常安静了。注意力已经被集中在一个特定的目标之上了，比如，可能是集中到了你上嘴唇对吸呼的感觉上面。此时，你要重点去体察你每一次呼吸的不同之处，这能让你对呼吸本身更加专注。你可以在某一些细节上面下功夫，比如你可以深切地体会你嘴唇对不同地方的不同感受。

提升注意力，也是控制人的认知意识的良好方法之一。心理学家指出，当你把你的注意力集中于某件事情上时，意识就能听话地集中在那里，而当你想让注意力转移到别的事物上时，意识也会听话地随心发生转移。当你的注意力保持稳定时，你的意识也会保持稳定，不会轻易会被某些突然闯入你感知深处的各种事务所牵引或者劫持，能稳稳地定住，不会动摇。也就是说，很多时候，人的注意力就像聚光灯一般，它照进你意识的哪一块，哪一块的神经联结就会得到强化。因此，强化你对注意力的控制能力是优化和重塑大脑与意识的最佳方法。要知道，人的意识得到强化，那么，人的情绪属于意识中的一部分，情绪也能得到最大的稳定与强化。从这个意义上讲，提升注意力也是平衡情绪的良方之一。

第八章

你所有的问题，都是因为不够爱自己

——当你爱自己时，内心便会生出强大的慈爱力量

一位心灵导师说过这样一句话：人是不会改变的，除非感受到爱，尤其是对自己的爱。就是说，爱有非常神奇的力量，它可以使人真正地改变自己的个性、心理状态等。实际上，生活中我们一切的问题，都是因为不够爱自己。这里所说的爱自己，并非是指满足自我对外界或物质的需求，而是指爱自己的心灵。真正意义上的爱自己，就是能够真正地了解自己的内心，了解自己的需求，清楚自己意识层面的真实想法、感受和行为，并遇到外界一切侵扰自己的因素，懂得坚守自我意念，不被外界一切力量所扰，让心灵获得真正的自由，这才是真正意义上的爱自己。当你开始爱自己时，你便不会轻易滋生抱怨、痛苦、烦恼、焦虑、纠结等负面情绪，心灵长出的不是戾气，而是平和、宽仁、慈爱了，到那时，你便会被全世界的爱所包围。

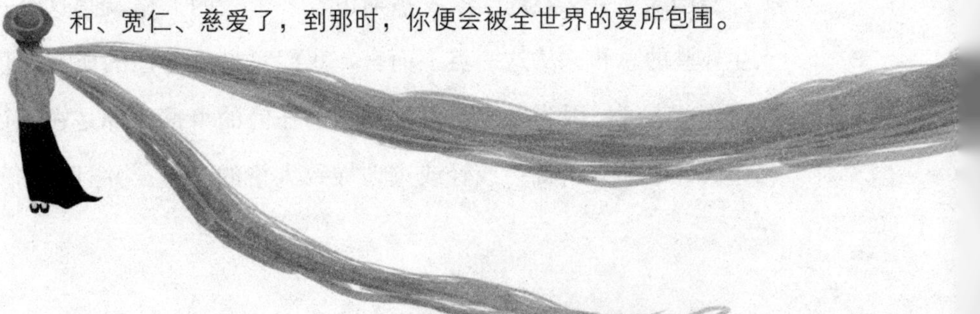

真正地爱自己，就是让心灵处于自由、愉悦的状态

生活中，我们常会听人说，在任何时候都要牢记爱自己，因为你是自己今生的唯一；善待自己，你将获得对自己的认同和理解；只有爱自己，才能更好地给予他人，让别人喜欢！在很多人的观念中，真正的爱自己，就是拼命地对自己好，满足自己在现实中对物欲的需求。实际上，这只是浮浅意义上的“爱自己”。真正地爱自己，是一种更深层次的表现，即了解自己，时时能审视自己的内心，关注自己内在的精神需求，呵护自己的心灵，让自己时时处于一种无忧无虑的自在、愉悦的状态。

可是生活中，我们的心灵之所以难获得自由，主要总是被过去发生的一切所缠绕、撕扯。同时还会对未发生的事情产生恐惧、担忧。要真正地摆脱这两种烦恼，我们要做的就是接纳。对此，心理学家武志红先生曾说过：“追求人格的自由，结束已经发生的事实对我们心灵的羁绊只有一条途径：接受已经发生的事实，承认它已不可改变。假如你做到了这一点，那么过去的事实仍然存在，它并未消失，也未被你所遗忘，但你对它的纠结便结束了，而你也真正地获得了自由。”同样的道理，要摆脱你对还未发生的事情产生的恐惧、担忧，也是接纳这种恐惧、担忧，承认你的担忧对解决未来的问题是毫无用处的。这里强调的还是“接纳”，而不是抗拒。

美国人文主义心理学家罗杰斯说，一个人的人格就是这个过去所有人生体验的总和。从这一点上而言，我们对自己过往的所有经历都不能持否定的态度，因为否定自己所经历的任何的事情，都是在否认自己人格中的一个部分，就会或轻或重地导致人格的分裂。并且，你所否认的

那一部分，绝对不会因为你的否认而消失，它只是被你压抑进潜意识中，仍然在对你发挥影响。更为糟糕的是，当它们发挥作用时，因为是来自潜意识，所以意识对它们一无所知，于是你对它丧失了控制能力。为此，要想使自己的心灵获得自由，处于愉悦的状态，一定要懂得接纳自己的过去，不为过往的过错而懊悔，更不为曾经的不堪回首的经历而郁郁寡欢。

美国著名的脱口秀女主持奥普拉·温弗瑞本是个丑女人。按道理说，长相丑陋的女人要上电视做主持几乎是不可能的事，更别说要出名了，但奥普拉偏不这样想。

在通往成功的路上，她对自己的过去毫不避讳地坦然，而且永远将灿烂的笑容挂在脸上。挥别过去的伤痛，她不断地与贫穷、肥胖、事业挫折等问题抗争，最终取得了累累的硕果：通过控股哈普娱乐集团的股份，掌握了超过10亿美元的个人财富；主持的电视谈话节目“奥普拉脱口秀”，平均每周吸引3300万名观众，并连续16年排在同类节目的首位。如今的她已成为世界上最具影响力的妇女之一。

她说，每个女人都应该勇敢地挥别过去，听从“内心的呼唤”，只有一个相信自己的女人才能成为生活和事业上的强者，“如果你相信自己有朝一日可以当上总统，也许有一天你就能如愿”。

如今的她已经50岁出头，但人们看到的依然是魅力四射的她。据说因为她使得很多女性甚至盼着能早点到50岁，好借此获得奥普拉一样的魅力。当然，拥有这样的魅力不只是靠年龄，而是在经历了生活的苦难之后，依然能积极地接纳自己，保持灿烂微笑、不改初衷，并时刻持有一颗赤子之心的人，这也是强者的姿态。无论生活给了她怎样的难题，她都没有逃避，也不曾为自己找过任何的借口，永远笑着面对。

的确，积极地接纳过往，就是悦纳自我的一种表现。直面不堪回首的过去，才能让心灵处于一种灵动、愉悦的状态，才能以更好地姿态面对未来。要知道，过去的一切已经成为你生命中的一部分了，无论你心中再否认，都不能将它们抹去。与其抱着不堪的过往痛苦地呻吟，不如好好地抓住当下，过好眼前的每一天。

不苛刻，不自责，接纳自己的不完美

生活中，我们会常听人说："我觉得我自己不够有领导力，虽然我从小到大一直都是班长，但我觉得自己不够霸气，没有其他人那么有号召力。"

"我觉得自己比较笨，从上学到毕业，考试都没及格过，可见我的智商真的不高呀!"

"我觉得自己性格很有问题。我比较内向，常常不知道怎么和领导打招呼。上台演讲的时候，我也很容易紧张。"

……

以上这种千奇百怪的说法，归纳成一句话，那就是"我有问题"。这就是不接纳自己的表现，生活中多数人都有类似的想法。不接纳自己，对自己有诸多的要求，时时对自己产生不满情绪，总是处于自责中。同时，他们也经常拿苛刻的条件去要求他人，尤其是关系亲近人的身上，经常盯着他们不好的方面，对他们不满，丝毫没有耐心。

今年30岁的丽达是深圳一家公司的高管，年薪40万左右，而且人也长得漂亮身材也不错，并且已经在深圳安家。在很多人眼里，她是大家羡慕的对象，生活富足，无忧无虑。但她自己却觉得自己过得很不幸福。

她时常会向朋友抱怨说，自己其实一点儿都不优秀，她总是忍不住会盯着自己的缺点自怨自艾，强迫自己一定要去改善，一定要将事情做得足够完美。尤其在工作中，稍有差错，她就会自责不已。尽管她已经是上司与同事眼中的佼佼者，但是她觉得自己活得很累，一点儿都不开心。

对心理方面颇有研究的她也了解到，自己之所以对凡事都苛求完美，是因为她自小在苛刻的环境中长大。丽达在很小的时候，她的父母就对她管教极其严格，严格到苛刻的程度，长大后，她也是这样要求自己，因为对自己要求高，也努力，所以她获得了现在的成功，但是觉得太累了，现在想要放下，却发现没那么容易，每当事情有一点点不完美时，自责和内疚就自动冒出来。

丽达的表现就是不能接纳自我的表现，在旁人看来，她是极为优秀的，但她内心的种种对自我的苛求和责备使她处于痛苦和烦恼中无法自拔。她的内心是敏感的，无法容忍别人对她的否定，很容易受到源于现实的伤害。生活中，我们多数人的烦恼、痛苦和纠结，都源于我们无法接纳自我，对自我始终持否定和苛责的态度。

心理学指出，爱自己的前提就是懂得接纳自己，包括接纳自身的缺点，即允许自己犯错，并且自己能够承受犯错所带来的结果，而不是通过辩解、指责来进行自我保护。同时，允许自己在某方面有弱势，并不为此而感到自卑。同时，自我接纳也是反思环境、他人对自己的影响，重新选择目标，而不是潜移默化地受环境、他人的影响去做事，做不到的时候，就自责、内疚，自我接纳是做自己，而不是做环境和他人的受害者。那么，要积极地接纳自我，我们应如何去做呢？

1. 了解一下身边其他人的情况。小时候，父母总是说“看看别人家的孩子”，让你有一种错觉，别人家的孩子都挺好，就你不行，实际上，大家其实都差不多，意识到大部分人都跟我们差不多，只不过对方的优点过早地显现出来罢了。如此这样想就容易接纳自我。

2. 要清晰地意识到自己为何会变成如今这样。我们对自己有诸多的要求，完全是内化了小时候父母、老师对我们要求，他们用种种方式告诉你，如果你不按他们的要求做，你就不优秀、不讨人喜欢，所以，为了证明自己能行，获得他们的喜欢，我们内化了这些要求，认为自己一定要做到，否则自己就不够优秀，就不值得被爱。小时候，我们没有机会，因为我们也不懂，只能受环境影响，但是长大后，我们可以选择去接纳，无论我们做到与否，我们都有自己的价值。

3. 感恩不接纳给自己带来的成长。过往的不接纳经历，其实并不一定是坏事，就像故事中的丽达一样，她对自己的不接纳，虽然给她很大压力，但也是她奋斗的动力，正是因为她对自己强烈的自责与不满，让她持续努力，只是努力到一定程度之后，在适时的时候一定要懂得放下。

感恩不接纳带给我们的成长，也适时放下，如果觉得过往的都是错的，反倒是另一种不接纳，也容易充满抱怨，更难放下。

其实，接纳自己是需要一个过程的。你这么多年养成的对自我苛责的习惯，不是想放下就可以放下，自我接纳，就是要先从接纳“不接纳的自己”开始，给自己一点儿时间去成长，成为内在和谐的自己。

这里我们需要知道的是，自我接纳，并非是对自己没要求，而是将苛责化的要求变成选择，选择那些自己真正喜欢做的事情并全情地投入，放弃那些为了他人、环境认可而“迫不得已”做的事情，让心灵获得自由。

时时要给自己来个“自我安慰”

生活中，时时都有可能遇到不顺心的事：因工作疏忽被公司解雇，因一句无意的话被朋友误解，孩子成绩下滑……当遇到这些，无人在意你的痛苦时，一定要学会自我安慰，否则，长时间沉浸于心理不平衡的状态，只会影响我们的生理以及心理健康，让人生陷入一片沼泽地。

大风刮起了风沙，漫开都是。一个人走在路上，看不清楚远方，唯能看到离自己几米的地方。他掏出火柴想点燃一支烟，就背对一边迎风划火，一边说道：“点烟不过三，过三不点烟。”

但是三根火柴都划过了，刚划着就被大风吹灭，烟仍旧没点着。于是便大声地说道：“点烟不过七，过七不点烟！”于是，就又试着划了四根火柴，但是风实在是太大了，烟仍旧没能够点着，于是，他便轻声安慰自己说：“管他三七二十一。”

点烟的人看似有些可笑，但有十分积极的一面。因为他在尽力后，仍旧无力改变现实的时候，懂得自我安慰，让自己轻松很多。这也是对现实接纳后的一种与自我和解的一个小良方。生活中，相信每个人都会遇到此类的小事，而且很容易被它所纠缠，甚至会使我们的精神处于崩溃的边缘。

心理学家认为，人的自我评价的好恶主要来自自身价值的选择，当我们被消极的情绪所困扰的时候，我们可以试着改变原来的价值观，学着从价值相反的方向进行思考，你的心情就会马上发生良性的变化，这也是懂得自我安慰者的积极意义，也是爱自己的表现。当烦恼来临的时候，与其在那里唉声叹气，惶惶不安，不如拿起心理调节的武器，从相反的角度去考虑问题，那么情况便会由阴转晴，你就能彻底地从烦恼中解脱出来了。

在沙漠边缘住着两户人家，家中的两位女主人都很能干。她们住的这个地方，有时候会经常刮暴风，暴风一吹就是几天几夜。很多时候，风势很是强劲，很是猛烈，有时候，会将周围的房子掩埋。同时，暴风还十分地热，吹得人的头发似乎全部被烧焦了一般。所以，生活在沙漠周围的人都很烦恼。

但是，面对无法改变的事实，这两户人家的女主人却很少的抱怨，暴风过后，她们会立刻展开行动，将家中所有的小羊羔都杀死，因为她们知道那些小羊羔，反正是活不成了；而如果将小羊羔杀死，就可以挽救母羊。

在屠杀了小羊羔之后，她们就将羊群赶到南边的绿洲中去喝水。所以这些行动都是在冷静中完成的，对于家中的损失，她们没有任何的忧虑和抱怨。

一位妇人经常这样说："就算我们损失了所有的一切，我们仍旧会感谢上帝，因为我们可以从头再来。"

那两位妇人在遇到灾难后，不愤怒、不生气，仍旧还能保持积极乐观的心境，在于她们懂得自我安慰!

其实，生活中，每个人都要学会通过自我安慰来排解心灵的烦恼。人要尊重自然规律，面对社会现实。在无可奈何的情况下，要懂得放弃，顺势而为，懂得自我取乐，这是让自己避免痛苦，活得轻松的重要法宝。

俄国作家契诃夫这样写道："要是火柴在你口袋里燃烧起来了，那你应该高兴，而且还要感谢上苍，多亏你的口袋不是火药库。要是你的手指扎了一根刺，那你应该高兴。挺好，多亏这根刺不是扎在眼睛里。"懂得自我安慰的人，很容易在失败或者困境中降低自己的挫折感。世界上那么多人，每个人在自己的世界中都是巨大的，可是在别人眼里通常又是微不足道。每个人也许不能期许命运之神的特别眷顾，无法从外界得到救赎，起码我们可以自我安慰。请记住：当你痛苦时，却又没人注意的时候，一定不要忘了，你还可以自己安慰自己。

无力承担时，要勇敢地说“不”

生活中的累多数源于心灵的不堪重负，这种不堪的重负很多时候也源于他人的请求。很多时候，我们害怕或者不愿意拒绝别人的请求，因为害怕失去良好的人际关系。所以，当他人向你提出不合理的请求时，我们常常会感到为难，以致每次都心软地答应或接纳。即便无力承担时，还是要苦苦地支撑。学会爱自己，就要在心灵不堪重负时，勇敢地说“不”，给心灵卸压，这也是与自我和解的一个方面。

林哨是一家公司市场部的职员，前段时间，公司因为新招了几个员工，因为是新手，因此很多事情都需要林哨来帮忙。林哨以为，自己帮忙带新人本是应该的，但是部门领导交代了一些基本性的工作给新人之后，林哨的烦恼也来了。因为林哨的性格比较开朗，新员工觉得她极好说话，很好相处，有了困难更是愿意找林哨帮忙。一开始，林哨对每个人都很热心，但是到了后来，因为总是帮助新人而影响到了自己工作的进展，有时候，她本来每天可以按时完成的工作任务，必须要加班到很晚才能完成。并且在最近，领导也屡次因为她迟迟无法按时上交工作提出了批评，她自己也为此而烦恼、焦虑不止。虽然林哨总被新人出现这样或那样的情况所“绑架”，但每当新员工提出要她帮忙时，她又实在说不出“不”来拒绝。

相信大家都曾有过林哨的经历，当周围的人向你提出某个要求时，我们内心虽然会产生某种抵触的情绪，但为了维护自己的面子，只能违心地答应，最终给自己的心灵带来不堪忍受的负担。真正地爱自己，就不能太过委屈自己的内心，所以说，当心灵不堪重负的时候，勇敢地对他人说“不”是我们必备的一种技能。生活中，遇到林哨那样的情况，我们可以微笑着委婉拒绝，并且告诉同事自己有很多的事情需要处理，让新员工自己去尝试解决。这样，不但可以使自己脱身，而且也不会破坏同事间的关系。

生活中，很多人因为“面子”的关系，不懂得去拒绝他人。因为在他们看来，拒绝了对方，便会给自己造成一种内疚感，认为自己不近情理，缺乏吃亏是福的优良品性，这只是面子所惹的“祸”；当别人向我们提出要求时，我们会表现得唯唯诺诺，根本缺乏拒绝的勇气，这就是内心不够强大的直接反应。其实，无论是哪一种情形，只要我们不乐于去做，却又没有适时地拒绝，都会给自己或多或少地造成一定的麻烦，影响自己的工作和生活，甚至给个人的心理健康带来极大的危害。敢于拒绝、善于拒绝的人，知道如何把拒绝说出口，我们也应该及时解开心结，大声说出“NO”，而不是陷入难堪、困惑之中。如何把拒绝说出口呢?首先要正视拒绝、了解拒绝，从客观和主观上懂得拒绝给我们带来的益处。要知道，你不可能让所有人满意，老好人情结到头来只能给自己带来伤害，轻易说出“YES”就是对自己的残忍，太多的不好意思只会让自己活得身心疲惫。学会拒绝，掌握拒绝的方法和策略，才能在竞争中更好地保护自己。

我们常说：“人应该有所为，有所不为。”这里所说的“不为”就包括学会拒绝。对于拒绝，很多人都有一个错误的观念，认为拒绝是一个贬义词，拒绝代表着一种排斥、一种隔阂、一种敌视，是一种迫不得已的防卫。实际上，恰恰相反，拒绝不仅不代表软弱，不意味着逃避，而且是一种更主动的选择，是对自己负责以及对别人负责的一种表现。学会拒绝，不是绝情，而是一种点到为止的理性，是一种为人处世的智慧。当然，这也是爱自己，与自我和解的一种良方。

勇敢去选择自己喜欢的工作

人的坏情绪或者坏脾气多源于工作：工作不顺心，心情会烦躁；与同事因为一个方案发生争论，心情会郁闷；方案被领导否定，心情会沮丧……其实，这些烦恼都源于一个原因：那就是对目前的工作还不够喜欢。人在从事不喜欢的工作时，上班就成了一种负担，成了一种应付，那么一遇到不顺便会烦躁不安。

毕业于北大中文系的刘忠，因为擅长写作，所以到一家报社任编辑工作，为人忠厚老实，而且工作也做得极好，深受领导的器重。其实，在这个职位上，他本人也从内心喜欢这个工作，做得得心应手，个人价值得到了体现，无论多繁忙，工作多烦琐，他都做得很开心。

因为工作出色，不久，领导就想提拔他做发行部主管的职位。对于这样的职位，刘忠并不想去做，因为他自己并不善于做管理，后来，耐不住领导的动员，勉为其难当上了销售部部门主管。

在这个职位上，刘忠干得很是辛苦，但勉强称职。不久之后，上级领导就找他来谈话，要让他出任销售部总监的职位。他当初很是犹豫，但还是答应了，因为销售部总监这个职位薪水很高。然而，几个月下来，刘忠简直苦不堪言，他自己根本不善于做管理，尤其是协调上下级关系，而同时，他自己的销售工作也没做好，每天都顶着巨大的压力，痛苦不堪。

生活中，很多人都在自己不适合自己的职位上每天都劳心劳力，痛苦不堪，与其这样，还不如果断放弃，去选择自己愿意和擅长的工作，这样一方面可以减轻自己的压力，另一方面还可以让自己享受工作的乐趣，何乐而不为呢？

董娴是个快乐的女人，每天脸上都洋溢着幸福的笑容，有人问她为何如此幸福，她说道："白天我有一份自己喜欢的工作，晚上有一个自己爱的老公，这样算下来，我一天24小时心情都是愉悦的，还有什么理由不幸福呢？"

不可否认，男人和工作都是女人一生获得幸福生活的重要源泉，身为女人，如果你有一个自己爱的恋人，那么就请为自己选择一个自己喜欢的工作吧，那样你也会像董娴一样，一天24小时都能沉浸在快乐幸福之中了。

美国轮船制造商古利公司的董事长大卫·古利先生说："如果你喜欢你的工作，即使你的工作时间长，你也丝毫不会感到厌烦，而是感觉在做游戏。"这句话是很有道理的，当你喜欢你的工作时，你很容易取得成就，并且不会为自己的工作而苦恼。爱迪生在实验室里每天都工作18个小时，但是他并没有觉得辛苦，而是十分地享受。正因为他喜欢自己的工作，他取得了巨大的成功。所以，在选择工作的时候，女人尽量要选择自己所喜欢的工作。

当然，一个人要选择自己喜欢的行业、岗位，首先应考虑的是自身的性格和兴趣。你只有在充分认识自己性格的基础上，尽量选择那些可以最大限度地利用现有的经验，并与自己个性爱好相吻合的行业，才能让自己在工作中获得快乐的同时，做出成就来。

现实生活中，很多人选择工作或职业，都会为了所谓的"高报酬"

“面子”“荣耀”等因素去选择一个自己并不喜欢的工作，最终只能在岗位上痛苦、抱怨。

我们工作不仅仅是为了得到报酬，还是对自己人生的一种体验，如果你从一份工作中难以得到快乐和幸福，那么即便能拿到再高的报酬，也是得不偿失。所以，从现在开始，你可以扪心自问：有没有觉得只要面对或提及工作时，脑袋就像一团乱麻？有没有觉得自己的性格使你很难真正投入到工作中去？有没有觉得自己的工作让你很不开心甚至痛苦？有没有觉得很想换个工作？有没有觉得现在的公司根本没有当初想象的那么好？有没有觉得自己当初完全是为了生存压力而来的，实在不适合自己？你从你现在的工作中真正得到了什么，学到了什么？你对你的工作有成就感吗？

对于上面的问题，多数的回答是肯定的，那么，你就该好好反思一下自己的工作是否适合自己了。这个时候，你必须要学会选择，懂得放弃，重新认识自己，给自己一个明确的定位，然后选择自己所喜欢的。

勿让心灵流于空虚

人的情绪问题，除了源于外界的压力外，还源于心灵的“空虚”：一个无事可做的人，心灵最容易滋生烦恼，也最容易没事找事，那么，坏情绪也是如影随形了。所以，要善待自己，清除坏情绪，也勿要心灵处于空虚的状态。生活中，多数人都认为，清闲、懒惰是一种福气，殊不知，它带给人的是一种碌碌无为，灵魂的空洞，也会让生命失去其原有的精彩。

有一个小和尚，在寺庙中整天念经，经常感到心烦。

在一天夜里，他做了一个奇怪的梦，梦见自己去阎罗殿的路上，看到一座金碧辉煌的宫殿，同时，宫殿的主人看到他后，就请他留下来居住。

小和尚说：“我每天都忙于念经和学习佛法，现在每天只想吃，想睡，我非常讨厌看书。”

宫殿主人答道：“如果是这样的话，那么世界上再也没有比这里更适合你居住的了。我这儿有丰富而美味的食物，你想吃什么就吃什么，不会有人来打扰你。而且，我保证没有经书给你看，你也不用去刻意领悟佛法！”

听罢此话，小和尚就高高兴兴地住了下来。

在开始的一段日子中，小和尚每天除了吃，就是睡觉，感到异常地快乐。渐渐地，他觉得有点寂寞和空虚，于是就去见宫殿主人，就抱怨道：“这种每天吃吃睡睡的日子过久了也没有多大意思，我对这种生活已经提不起一点儿兴趣了。你能不能给我找几本经书看看，或者时不时地给我讲几个佛祖的故事听呢?”

宫殿的主人答道：“对不起，我们这里从来不曾有过这样的事，你还是待在这里面好好地享受吧!”

又过了几个月，小和尚感到内心空虚极了，就又去找宫殿的主人：“这种日子我实在是过不下去了。如果你再不给我经书念，我听不到佛法，我宁愿去下地狱!”

宫殿的主人轻蔑地向他笑了笑：“你以为这里是天堂吗？这里就是真正的地狱呀!”

人活着就需要思考，需要劳动。长时间将自己浸泡在安逸之中，人也无异成了行尸走肉。

所以说，一个人最可怕的行为，就是丧失了理想，没有了进取心，一味只想着去追求享乐，让心灵处于一种空虚的状态中。这样只会让你越来越堕落，不会珍惜你所得到的东西，也不会对周围的事物心存感激，更不容易得到满足，如此一来，自然会被坏情绪所缠绕。相反，如果一个人的生活是充实的，那么，他就很容易收获快乐，珍惜自己所拥有的，对周围的事物心存感激。因此，无论你是腰缠万贯的富豪，还是一贫如洗的穷困人，永远要记住，只有树立自己的理想，做出真正的成绩，才能切实地体会到生活赋予你的精彩。

鲁克丝是一家金融公司的职员，他每天都会向妻子抱怨："每天，我只是照常工作、生活，可总是觉得心里好似有什么不对劲，似乎我不知道为什么工作？为什么生活？常常有一种极为空虚的感觉。再看看周围的同事，工作得极有意思，玩得也潇洒。可我工作起来丝毫感觉不到踏实，玩起来也觉得不开心，干什么都觉得无味极了。这种情绪让我整天百无聊赖，情绪懒散，却又不懂得如何解脱。"

人活着就需要思考，需要劳动，如果整天使心灵处于空虚之中，对周围的一切事与物都毫不感兴趣，也等于在折磨自己。

早期的太空英雄巴兹·奥尔德林在自己成功地登陆月球后不久就精神崩溃，他的亲朋好友都对他的遭遇感到极为困惑，因为奥尔德林在登月之前，其感情和家庭方面都很春风得意。

几年后，奥尔德林在他撰写的一本书上回答了周围人对他遭遇的这种疑问。奥尔德林这样写道："导致我精神崩溃的原因很简单，因为我忘了自己在登月之后，自己以后该做些什么！自己如何才能继续生活下去。"

这就是说，奥尔德除了登月这件工作之外，在其他方面没有任何的目标，致使心灵处于空虚之中，最终使自己的精神处于崩溃的边缘。

在生活中，有些人在前进的道路上步步向前，极为充实；而有的人则止于中途，让心灵感到空虚或迷惘，其主要在于，后者没有找到属于自己的生活信仰。卡耐基说过，“我非常相信，及时地发现生活的乐趣，为人生找一个前进的目标，是获得心理平静的最大的秘密，因为我心中时刻充满了信念。而我也相信，只要我们能及时发现生活的乐趣，我们的行为都是十分有趣的。并且能够清楚地知道自己的下一步该去做什么，我需要过一种什么样的生活。如此一来，至少可以消除掉我 50%的忧虑!”

那么，在生活中，要除掉自己心灵的空虚，我们该如何去做呢？首先要提升自己的心理素质。在相同的环境中，遇到同样的挫折，由于心理素质不同，有人偃旗息鼓而轻易放弃为空虚所困扰，有人却能直面困难毫不畏缩而始终愉快充实。因此，有意识地加强自我心理素质的训练，认识自己，找回本我，将空虚及时地消灭在萌芽状态。

面对空虚，我们需要习惯独处；人始终是一个孤单的个体，所有的人只能徘徊在心灵之外，你的内心到底有什么只有自己知道。当我们选择一个适当的时间，试着关上所有电器和通信设备，关上一切外在的喧哗的东西，甚至关上灯、闭上眼睛，一个人享受来自内心的宁静，透过那份空灵来审视自己，你就会发现你会很喜欢这种纯净的感觉，摒弃外在的繁华，你只属于自己。

面对空虚，我们需要有追求。俗话说：治病先治本。因为空虚的产生主要源于对理想、信仰及追求的迷失，所以树立崇高的理想、建立明确的人生目标就成为消除空虚的最有力的武器。当然，这个过程并不是一蹴而就的，但当你坚定地向着自己的人生目标努力前进时，空虚就会悄悄地远离你。

不苛求完美，演绎“绝版”自我

一位哲人说：人生最大的悲剧就是虽然你拥有了一个完全属于你的生命，但你却不敢把真实的自己完全表现出来，并因此而深深地痛苦着。要爱自己，首先要承认自己是个独立的个体，并且不轻易改变自我去取悦他人，更不去随意模仿他人。比如，你要知道什么样的化妆、发型、衣服的款式最适合自己。不轻易奴隶似的跟着时尚走，只要求看上去像自己。同时，你要为自己和他人不同而自豪，觉得那才是自己真正的价值所在。同时，出门在外，别老盯着别人的包包、衣服是什么牌子，能让你一眼看到“价钱”的东西，自我通常都跟“价值”没什么关系，我们真正的本事，就是做一个“无法复制”的“绝版自我”！

受人追捧的“魅力之星”奥黛丽·赫本并不是一个真正的美人，她平胸、清瘦，手足细长，但是，她散发出来的气质却让人觉得她就是一个完美的女人。这是因为，奥黛丽本人对于自己的外表没有太多的苛刻，她说：“每个人都有缺点和优点，将优点发扬光大，其余的便不必理会。”她的观点值得每个爱美的女士借鉴，而她的独特气质和个性已将她塑造成美好的典范。

相信，看到对赫本的这一番介绍，外表不怎么美丽的你，一定会恍然大悟！原来，真的没必要太苛求完美，因为自己比别人矮而自卑；也没有必要为自己缺乏健美的身材而气愤不已；更不必因为自己某方面的缺憾而自怨自怜。“金无足赤，人无完人”，每个人都是不尽完美的，有缺陷没什么可怕的，可怕的是我们表现出一副灰心丧气的样子来，自暴自弃、悲观厌世，自信和热情被有意无意地压制，如此内心的力量也就很难被激发出来。

要让自己充满魅力，就要懂得包容缺点，演绎独属于自己的“绝版”人生。只有懂得肯定自我，心平气和地接受自我，你的人生价值也就从此而生了。

世界上没有完美的个人，就像我们永远也找不到一片完美的树叶一样，但是谁能说不完美就不是美女、就没吸引力?！世界名作维纳斯的雕像之所以美不正是因为缺少了双臂，才产生了震撼心灵的效果，迎来更多游客的青睐吗?

欧洲曾在瑞士的洛桑举办了一次“最完美的女性”研讨会。与会者通过一致的逐一的鉴别后公布的结果是：最完美的女性应该是：有意大利人的头发，埃及人的眼睛，希腊人的鼻子，美国人的牙齿，泰国人的颈项，澳大利亚人的胸脯，瑞士人的手，斯堪的纳维亚人的大腿，中国人的脚，奥地利人的声音，日本人的笑容，英国人的皮肤，法国人的曲线，西班牙人的步态……所有这些还是不够的。完美的女性还应有德国女人的管家本领，美国女人的时髦装束，法国女人精湛的厨艺，中国女人醉心的温柔……然而，即使上帝重新造人，也不可能集这些优点于一人的，因此，与会者达成的共同的结论是：真正完美的女人是根本不存在的。

既然如此，我们何必要纠结于自己这样那样的不足和缺陷呢?！适当允许一些不足的存在，给不完美的自己一点赞赏吧！相信这种发自内心的肯定力量，会让你变得自信起来，气场变得强大起来，生活也会变得更加美好。

看看那些气质女王吧，虽然她们自身也并不完美，但她们都能够接受“不完美”的自己，并以积极的态度，认真地审视自己的不足，勇敢地战胜它，所以她们的气质比别人要稳定而完整，她们的人生也比别人辉煌得多。

从现在开始，好好审视一下自己，找找自己有哪些不足。给不完美的自己一点赞赏，正视并承认自己的不足，并尝试着改正自己的不足……相信不久以后，你将变得越来越接近完美，将一个崭新的自己呈现在众人面前。

时时都懂得“富养”自己

善待自己，是一个人走夜路时总能寻找前方的灯火，善待自己，是生命快乐的宣言，是对生命庄重的承诺，善待自己就是珍视自己的心灵。一位哲人说，人一生最靠谱的幸福，就是拼命地对自己好，让自己内心丰盛无比，外表灿烂得如初阳，一次随心所欲的行动，都会让自己倍感满足，这样的人，心灵是健康和富足的，生活是优雅的，工作是开心的。

在物质层面，懂得“富养”自己的人，在物质上从来不苛责自己，逛商场，喝咖啡，每天把自己装扮得精致迷人。当然，他们不会为了享乐而铺张浪费，而是懂得花心思让自己活得更快活。这样的人也是富有智慧的，他们懂得，生活中的痛苦，除了自己，没有人能帮自己承受。所以，无论遭遇什么，他们都不会折磨自己，而是学着把一切看淡，然后去搜寻生活中的快乐。

“这世界上没有比自己更可靠的人了，所以一定要对自己好！”艾米尔是一位画家，她总是对她的朋友们重复这样一句话。

她是做美编工作的，因为天生对色彩和画画有极特别的感觉，加上没有专业的美术理论的框架和束缚，所以，她的油画充满了创意。艾米尔最近找了一位事业成功的男士，不仅事业有成，而且还极富风度。

“你老公身边都是成功女人，有钱有势，你不担心被甩掉么?”一位朋友曾这样以调侃的语气问艾米尔。

“他不是你的，担心有用吗?我最近极力说服他帮我办画展，让我在画家圈中站稳属于自己的位置。我们俩虽然在一起半年了，但是无论吃饭，还是出去逛街，大部分的支出都是AA制的。对于一个画画的人来说，没有什么比才华和名气更为重要的事情，那才是真正的无价之宝!”艾米尔这么说。

可见，懂得“富养”自己的人，无论追求物质还是滋养心灵，快乐是他们生活的第一目标和宗旨。他们懂得，只有自己快乐，才能给周围的人带去快乐。这样的人无论走到哪里，都能用积极的情绪感染他人，谁能说他们没有吸引力呢?

懂得“富养”自己的人，总能理智地面对感情。他们不把爱情当成自己生活的全部，绝不会委曲求全地去换一个人的爱情。当爱情离去，他们会以微笑相送，然后接纳现实，与自我达成和解，全身心投入工作和学习中，让自己尽快从阴影中走出。

同时，懂得“富养”自己的人，即便是在婚姻中，也不会把自己全部奉献和牺牲给家庭。他们懂得给自己留出时间和空间，自己独身出去旅游。他们也会躲起来去读自己早想读却一直没时间去读，自己认为最有意思的图书。他们会去买自己以前想买，可总舍不得买的时装。让自己足够美丽、漂亮，也是为了给自己一个好的心情。

“富养”自己的心灵，是智者的生活目标。他们懂得：人的狭隘、纠结、怯弱，全都是因为世面见得太少。为此，他们会旅行、读书，但凡能让自己内心丰富的事情，都会去尝试。他们懂得，只有心灵富有的人才不会被外界的一切琐事所烦扰。

“富养”自己的人，最懂得用钱解放自己。他们懂得，不舍得为自己花钱的人活不精彩，因为从心底他并未肯定自己的价值。他们对自己的每一分宠爱，都会长成皮肤上一股别样的气质和自信。

顺其自然，切勿去苛求自己

心理学上说，不甘人后是人类最基本心理特点。生活中，每个人都希望自己能抓取机会，尽早地达成自己的意愿。于是，我们会苛求一个并不适合自己的工作，苛求一段写满了“伤疤”的感情，苛求一段并不真诚的友谊，苛求自己做一件并不情愿的事情……雨果说：“苟求等于断送。”过分苛求自我，是对自我最大的不尊重，也是在给自己的生命套上枷锁，使自己变得烦躁不安。

已经是凌晨2点钟了，静怡房间的灯还在亮着，她正坐在书房中拼命地攻读英语，神色有些憔悴。其实，这种状态已经持续三个月了，这段时间中，她的脑子中总是重复着：学习、考试。之所以如此地紧张、勤奋，主要是因为她的成人英语资格证书考了四次都没有通过，这个月要考第五次了。

其实，静怡是一家国企的中层管理人员，平时工作较为出色，是企业的重点培养对象，很有可能在不久的将来会升职。本来，她的工作用不到英语，但因为大学时她的英语资格证书没有考过，一直很不甘心。于是，毕业后就与英语叫上了板，不考过决不罢休。

静怡从小就受到极好的教育，做事也极为认真，责任心很强。但她从小到大却总是惧怕考试。平时学习挺好，但一到考试就落后，尽管她惧怕考试，但她还是不想让自己的人生留下什么遗憾。在每一次临考的夜里，她总会胡思乱想，而且想着想着就睡不着了，结果，第二天考试就考砸了。几年下来，她仍然没能如愿拿到那个资格证书。如今，为了这个考试，她每晚都强迫自己去认真学习，由于太过紧张和焦虑，她几乎每晚都会失眠，脾气也变得急躁了许多，这已经严重地影响了她白天的工作，整个人都变得异常痛苦。

静怡的痛苦主要源于她太过固执，过分去苛求不必要的东西。其实，对于她来说，英语资格证书既然在她的工作中用不到，就没有必要那样去苦苦地折磨自己。

其实生活中像静怡这样的人有很多，他们总是为了一些无关紧要的理由去强迫自己达到某一目标，过分地苛求自己努力做到最好。在工作中，他们崇尚完美主义，不轻易去相信别人，事无巨细，大事小事总是一人包揽；他们甚至不敢公开表达自己的消极情绪，长时间的压力与压抑让他们产生了极为消极的心理反应。其实，如果仔细静下心来想想，又何必呢？我们不能做到最好，完全可以放松心态甘心做到很好；不能拥有伟大，完全可以静守平庸，用轻松的人生规则主宰自己的快乐又有何不可呢？

许多人在工作中，经常会抱怨："我一定要在一年内升职、加薪""我一定要在某个领域之中做出最大的成就，成为某方面的专家"……但是很多时候，这些不切实际的理想与追求只会成为我们的一种负担，会羁绊我们实现那些切合实际的理想，同时也是对自我心灵的扭曲。

你要明白，人生苦短，韶华易逝，执着于一个目标，一个信念那是大勇，但是如果目标不合适，或者客观条件不允许，与其蹉跎岁月，徒劳无功，还不如干脆放下。放下那宏大的美丽的理想，选择那些触手可及的目标，让人生处于一种祥和自然的状态中，从中去体味生命的真义。

有一次，晓琳去外地参加一个重要的会议，在一个没有电梯的宾馆，从一楼到五楼之间上下了六七趟，几趟下来，感觉腿脚发麻、浑身无力。

而与她一同参加会议的一位年迈的老太太却大气不喘，精神焕发。

晓琳与老人闲聊后才知晓她已经有七十高龄，是这次会议的特邀嘉宾。这么大的年龄还有这么好的身子骨和精气神实在令晓琳十分佩服，就向她讨教养生秘诀，老人说：“我的秘诀就是：忧愁穿脑过，梦在心中留，对什么事情都不去苛求。”

在谈到自己的梦想时，老人说，自己在生活中与人无争，与己有求，但不过分苛求。我根本不想做名人，不想当明星，只想做个有所为又有所不为的文学爱好者。在自己三十多岁的时候，当明白自己一生所要的不过是清清淡淡一碗饭后，就主动放下了许多事情，让每天的生活不闲着，也不劳累，早上起来跑跑步，白天读读书，晚上有空写写字，从来都是睡得甜吃得香，从不为什么事情去担忧。然而，正是这种看似平淡的心境，才让她能够沉淀下来，静下心来，为自己创造了极好的创作空间，最后才成为一个了不起的作家。

试想，如这位老人一样乐观豁达，与己有求，但又不故意苛求的人，能不长寿吗？能不成功吗？不论年轻也好，年老也好，每个人心中都应该有一个照亮心灵的梦想，但是，对于梦想不要去过于苛求，不必为自己制定什么硬指标，比如每月一定要给自己制定完成梦想的具体额度，几年之内要达到什么位置，一生要留下多少财富，等等。这样就是对自己的苛求，是与自己叫板，与自己过不去了，那样的话只会让自己活在劳累和疲惫之中。

一位哲人说过这样一句话：别指望麻雀会飞得很高。高处的天空是鹰的领地。麻雀如果能够摆正自己的位置，照样会活得很幸福。的确，真正能成为雄鹰的，毕竟是少数人，只要根据自己的能力，坚守自己的梦想，抱着一种顺其自然的心态去追求，只要为此付出努力了，就能够问心无愧，就能够知足，这样才能让自己感受到追求梦想过程的快乐与幸福。

懂得取悦自己，全世界都会来宠你

迪帕克·杜德曼德说过，最坏的事情是人一生都不了解自己，因此一生就白白地被浪费掉了，不管多么富有、多么成功都没用。真正了解自己的人，不会依赖他人的评价去行动，不去取悦他人，而是懂得时时地取悦“自己”。一个人若懂得取悦自己，然后用愉悦的情绪去感染他人，那么就会时时受到他人的喜爱和欢迎。

一位女企业家因为经营不善导致公司破产，从此，她就将自己关在在屋子里，茶饭不思，寡言少语，终日卧床不起。刚开始，她刚上初中的女儿极力照顾自己的母亲。没想到过了半个月后，母亲发现女儿根本没去上课，原来女儿在上课时总是心不在焉，情绪低落，最终辍学回家。企业家的丈夫在费尽心思寻找到一名心理医生时，还未开口，就开始失声痛哭，边哭边说，这一段时间，他在家里压抑得几乎精神崩溃了……

这个小故事告诉我们，人的情绪是具有传染性的。一个心情良好、乐观开朗的人跟一个整天愁眉苦脸的人在一起，不到半个小时，那个乐观的人也就开始变得抑郁起来。而相反，一个精神抑郁的人，与一个个性乐观的人在一起，也会顿时变得开朗起来。这给我们以这样的启示：要想让别人快乐起来，最好的办法就是先让自己快乐起来。

在生活中，许多人想获得另一半的爱，总会想方设法去讨好和取悦对方，千方百计地为对方付出。在他们的心中，似乎只要得到了对方的爱，就等于获得了全世界最大的荣耀。于是，越来越多的人，在自己爱的人面前，都会用委屈自己来换取爱人的快乐！最终，既让自己陷入“不快乐”中，也难以让爱人快乐起来。

这种自我牺牲精神固然可嘉，但是你却忘了：快光和幸福是会传染的，你都无法让自己真正快乐起来，如何让你爱的人快乐起来呢？在婚姻中，每个人真正爱的是那种懂得取悦自己的人，这样的话因为内心充满了快乐，所以，对方也会受到传染，也能真正地感到轻松和快乐起来。

刘航是一个事业有成的男人，他经过两次婚姻，现如今正和第二任妻子甜蜜地度过七年之庠。是的，他们的感情历经七年，仍旧甜蜜，甜蜜到让人心里发痒。

周围的朋友都很纳闷，他的第二任妻子无论是从相貌、气质、能力还是温柔体贴方面，都远远不如他的第一任太太，可为何能让张杭对她如此情有独钟呢？有位朋友带着这样的疑问问他说：“你到底喜欢她什么呢？”

刘航笑笑，说道：“因为，前任妻子总是给我煮南瓜粥，而现在的妻子总是给我喝小米粥。”

朋友听罢睁大了眼，说道：“一碗粥就有如此大的魔力，能让你对前任厌，后者宠么？”

“当然有了！”刘航说，“我喜欢喝南瓜粥，而我现在的妻子则最喜欢喝小米粥！”

朋友更是纳闷：“真是奇怪！这算什么逻辑？难道前任不该取悦你吗？”

他说：“因为我最爱喝南瓜粥，前妻便天天给我熬南瓜粥喝，但是她平生最讨厌吃甜食，她受不了南瓜的甜味。每次熬粥都是为了我。虽然我知道她很是心疼我，但面对她讨厌的饮食她每天都板着脸。而且，每天早上起来，她熬过粥后，都会耳提面命地让我谨记她的辛苦付出，我很明白她曾为我牺牲掉那么多快乐！其实，在我心里，我真心不希望她为我如此付出，尤其是她每次对我说话的那种压迫感，真的让我难受！

现在的妻子则不同，她嫁给我的第一天早晨，便熬了一锅小米粥，很可爱地对我说：‘我爱喝小米粥，看来今后你要跟着我一起喝它了！’她爱喝小米粥，每次喝完都很快乐，因为快乐，她会心情愉悦地打扫卫生，送孩子上学。有时，还经常在家里哼起小曲，每次我回到家，都会感到一种温暖和快乐。相比起当初的南瓜粥，我觉得现在的小米粥，更能让我喝的舒服，喝得快乐。”

这便是男人的真实心声，也是女人受宠一生的秘诀：取悦男人永远不如取悦自己。所以，现实中的我们，我们该盘查一下自己，是不是真的做到了用自己的快乐和内心的愉悦去影响自己所爱的人！要知道，快乐是具有传染力的。

心理学家指出，人与人之间，情绪的传递永远是在“照镜子”，你脸上的一切，终归都会反映到对方的脸上。所以，面对你爱的男人，千万别强迫自己去取悦他，因为你的不快乐和不情愿，会给对方造成一种心理压迫感。也千万不要委屈自己去换取另一个人对你的感激涕零，你的委曲求全只会让对方觉得承受不起。

可见，获得异性的宠爱，不是爱对方，而是爱自己。只有你真正地获得了快乐，才能让对方也感到轻松和快乐。真正的幸福和快乐，都是会传染的，同样，内心悲苦、不情愿和委屈，也是会传染的。

第九章

学会平衡情绪，治愈你的心灵

——找寻良方，为负能量找一个出口

从心理学角度讲，与自己和解是一个系列过程，即一个人在受到负面情绪的困扰时，通过不断地感悟、反思，不断地寻找自我，最终接纳所有的一切，与自我达到和谐、自在的一种状态。实际上，当人在遭受负面情绪时，不压抑自我，学着寻求良方，给内在的痛苦找一个合适的通道，将其释放出去，从而使自我达到和谐自由的状态，也是与自我达成和解的一个方面。

生活中，一些有效的良方，比如音乐、冥想、瑜伽等方法可以有效地帮助人解决情绪失控的问题，可以帮助人们抛开尘世的烦扰，让内在的自己完全放松，能让人在“自我世界”中彻悟生命的意义，感受善意和快乐，获得宁静平和的心态。所以，当你情绪极为错乱，无法静下心来审视自我的时候，不妨学着运用有效的行为法终结你的坏情绪，让自己真正地处于平和宁静的状态吧。

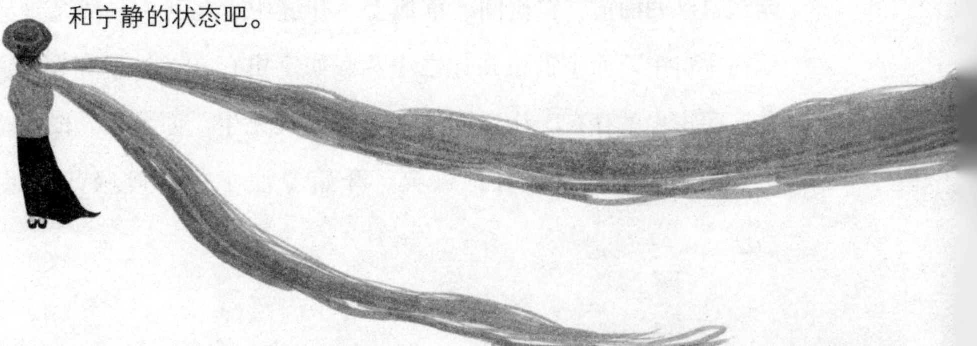

平衡情绪，从冥想中的“自我观照”开始

日本作家大川隆法在《冥想的奥秘》中说过这样一句话：“人是一部精密的生物计算机，我们的家用计算机需要定期进行清理，人的大脑亦然。而自我观照是进行自我整理较为理想的方法。”在这里，他提及了“自我观照”的概念，即指人的一种自我观察的能力，人不仅能观察环境，还能观察自我，这便是观照。《易经》中说：“仰则观象于天，俯则观法于地”，指的就是人的一种观察能力；而孔子说，“吾日三省吾身”，则指的是人的自我观照。

生活中，人们经常会忽略自己的观照，这主要是因为外在的种种诱惑，使我们的心灵迷失了。在诱惑面前，我们从不肯让自己的心灵去休息，大脑不停地转，心心念念都是名和利。我们将自己搞得疲惫不堪，大脑变得异常地迟钝，对周围的环境也不再敏感，对自我的心灵需求更是麻木，我们每日都被烦恼、忧虑、焦虑所缠绕。对此，要平衡情绪，我们应该每天抽出时间来，对自己进行整理。学着闭上眼睛，用意识来观照自己，你可以尝试以下的冥想观照法来整理自我，削减负面情绪的困扰：

1. 观照自己与宇宙。自己独坐在一个房间，或独自坐在河岸边，或任何能够独处的地方。开始觉知你自己的呼吸。闭上眼睛，感知“自我”就在自己的面前：在树间、草地上、叶缝中、在河中。清楚地感知自我就在宇宙中，而宇宙也在你之中，假如宇宙存在，你就存在，假如你存在，宇宙也就存在。让自己进入一种“既无生，亦无死，既无来，也无去”的状态。然后轻轻地微笑，开始专注于你的呼吸，观照 10～12

分钟。

2. 慈悲地观照你最恨的人。找个安静的地方坐下来。开始调整你的呼吸，并轻轻地微笑。观照那个最让你受苦人的影像，观想他让你最恨，最轻视或最厌恶的特质。试着检视这个人的日常生活，什么会让他快乐，什么又会折磨他。观照这个人的内心：试着看透这个人以何种思维方式或推理方式生活。审查这个人所希望与行动的动机是什么。最后，再观照这个人的观点是否开阔自由，是否容易被偏见、狭隘的心胸、憎恨或者愤怒情绪所影响，观察他是否是自我情绪的主人。

照这样继续下去，等你看透这个人后，你内心就会感到释然，你的慈悲情怀也会一点点地从心底升起，犹如一口充满了清新之水的井，而你的愤怒与怨恨便开始消散。对同样的人，你可以反复地做这项练习。

3. 观照他人的痛苦，生起慈悲。静坐下来，闭上眼睛，开始调整你的呼吸。选一个你所知的处于痛若状态的人作为观照的主题。在进行冥想观照时，你要尽量看出那个人正在经历的一切痛苦，比如疾病、贫困、身体的疼痛等开始观照。进一步，你再开始观照个体因为“受”所造成的痛苦，比如其内在的心理矛盾冲突，仇恨、嫉妒或者内疚等。然后，再看看他由“想”所带来的痛苦，比如内心的悲观、或阴郁狭隘的心态思维所面临的问题。再看看他是否被恐惧、失望、绝望或仇恨等所驱使。再看看他是否会因为其处境、烦恼、他周遭的人、所受的教育、宣传等将自己封闭起来。

静观这些痛苦，直到你的内心生起一股清泉般的慈悲，直到你能了悟那个人是因为环境与愚痴而在受苦。你决定尽可能用最安静、最谦逊的方式，去帮助那个人脱离当下的困境。

4. 观照你人生的成就。选择一个安静的地方坐下，开始调整你的呼吸。开始回忆你人生中重大的成就，并逐一地审视它们，检视引导你迈向成功的才华、品格、能力以及其他有利的条件。你认为成功的主要原因是你自己，并因此而感到自豪和满足，开始审视这种情绪，体悟出你以为的成就并非属于你自己，而是属于非你能控制的各种因果条件的总合。

你能真正地舍弃它时，你才获得了真正的自由，不再被它们所困扰。回忆你生命中最痛苦的挫败，再逐一地审视它们。再检视你的才华、品格、能力，以及其他导致你挫败的不利条件。检视你心中觉得自己无法成功所涌现出的复杂的情绪，以因果观来审视这件事情，了悟你之所以挫败，并非是因你无能，而是因为缺少有利的条件。了悟你根本无能为力去承担这些挫败，了悟这些挫败并非你个人的事情。了悟到这一点，你就能从挫败感、自卑感中解脱。只有当你能舍弃它们时，你才真正地获得了自由，不再受它们的干扰。

让运动驱散内心的郁闷情绪

很多时候，人内心处于措乱不安的状态，是因为内心的郁闷积压得太久的缘故，比如长时间地生活在重压之下，人就会变得抓狂，焦躁难安；长时间地被一件事所折磨，内心就会变得抑郁。对此，要积极将内心的抑郁情绪释放出来，运动是一种不错的方法。俄国大文豪屠格涅夫曾告诫他人：当人在焦虑不安的时候，在开口前把舌头在嘴里转上十圈，怒气也就减了一半。所以，当你感到不痛快的时候，可以做一些你喜欢的运动，这样既可以宣泄负面情绪又能够避免伤及他人。

汪女士是公司的一名中层管理人员。她说平日里与人应酬实在太累，赶上一个节假日，她来到瑜伽馆练起了瑜伽。在练瑜伽的过程中，她体会到了练习瑜伽的乐趣，一方面，锻炼了身体，另一方面让她暂时忘掉了工作中的烦恼。

佟小姐有空时会去郊区练习攀岩，在这项运动中，她坦言，自己最大收获是：在毅力即将达到极限时，成功也随之到来。她说，再回到工作中去，她不会像以往那样踟蹰不前，不会瞻前顾后，因为没有太多的时间允许你犹豫，也没有什么事情不可以做。只要去实践，肯定会有收获，并且经过尝试，最终都会成功。

另外，法国出现了一种新兴的行业：运动消气中心。中心有专业教练指导，教人们如何大喊大叫，扭毛巾，打枕头，捶沙发等，做一种运动量颇大的“减压消气操”。在这些运动中心，上下左右皆铺满了海绵，任人摸爬滚打，纵横驰骋。事后，那些参与的人情绪都得到了明显的好转。

上述三则事例都向我们说明了同一个道理：运动是释放不良情绪的一剂良方！运动确实能减压，下一则实验说明了这一点。

研究中，科学家以老鼠为研究对象进行了两项实验。

实验一：他们首先将被选入实验中的老鼠分为两组，让其中一组的老鼠跑来跑去，进行运动，而另一组的老鼠只是静静的待着，不进行任何运动。然后分别测试它们的脑细胞变化情况。

测试结果发现，进行了运动的老鼠，其脑内的5－HT、多巴胺以及去甲肾上腺素（被称为天然的抗抑郁药物）的水平较高。

实验二：接着科学家又进行了另外一项实验，他们将这组运动过的老鼠置于一个冰冷的洗浴池，用来制造一个充满压力的环境。

压力的负作用之一就是会耗竭体内的5－HT的储备。实验结果也正如他们所预期的那样，进行运动的老鼠在压力环境下，其大脑的某个区域诸如5－HT之类的活性物质也得到迅速释放，以此应对压力达到平衡。

这说明，运动的老鼠能够更好地应对压力，而且这一现象也同样出现在人类身上。

另外，从医学角度而言，运动之所以能缓解压力，让人保持平和的心态，与腓肽效应有关。腓肽是身体的一种激素，被称为“快乐因子”。当运动达到一定量时，身体产生的腓肽效应能愉悦神经。适当的运动锻炼，还有利于消除疲劳。那么哪些运动能减压呢？

通常来说，有氧运动能使人全身得到放松。想通过运动缓解压力，可以参加一些缓和的、运动量小的运动，使心情先平静下来，如跳绳、跳操、游泳、散步、打乒乓球等。另外，为了达到放松身心的作用，可以选择自己喜爱的、能产生愉悦感的运动，这样效果会更佳。在通过运动来排解情绪时，需要注意如下两个方面的问题。

1. 不要带着情绪去做剧烈的运动。如果带着太大的压力和不良情绪去锻炼，在锻炼中思绪杂乱，注意力不集中，反而会影响锻炼的效果。比如有人刻意去做一些激烈的、运动量大的运动项目，认为出一身大汗，压力和不良情绪就会全部释放出来。其实效果恰恰相反，这种激烈且大运动量的锻炼，不但会造成身体疲劳，加上原来紧张的精神，压力不但排解不了，情绪反而会更坏。

2. 运动宜适度。运动需合理把握时间，不要一次把自己累的不行，过量的运动会透支我们的体能，并且还有可能引发相关的疾病，这样就得不偿失了。

心情不爽，就试着大声地“喊”出来

人在事业受挫、工作困难、人际关系紧张等情况下，会产生沉重的心理压力，如果不能及时排解，很容易患上抑郁症，甚至脾气也会变得暴躁不安。

晓彤所在的公司更换了部门经理，该部门不少员工都惴惴不安，晓彤尤其紧张。她来到该公司已工作了三年。三年间业绩并不突出，并且和同事关系不太融洽，部门里除了主管，谁都不愿意和她说话。新的部门经理到来后，要求员工间加强合作，尽管晓彤想尽了一切办法，但仍然融入不了同事的圈子，心中极其烦恼。自小体质不是太好、经常失眠的她，几个月来几乎没有一晚能够睡好，每天上班都是昏昏沉沉的。不佳的工作状态和极差的人缘，让她感到了一种恐惧。

由于晓彤实在无法忍受，便辞职回家休养了。回家以后，她的情绪也没能得到好转。无奈之下，她只好去进行心理咨询。从心理医生那里了解到，她患上了抑郁症，每天都郁郁寡欢的，而且遇事就会冲人乱发脾气，这种状况已经持续有很长一段时间了。而造成她抑郁的根源，则是工作带给她的烦恼、同事之间无法相处的烦恼，以及担心失业的烦恼。

晓彤的状况，生活中每个人都有可能会遇到。她的抑郁多是因为坏情绪长时间得不到缓解而产生的。心理学家们研究发现，通过喊叫可以达到发泄不良情绪和振奋精神体能的目的。为此，为舒缓郁闷，很多人都会尝试“喊叫疗法”。其实，所谓喊叫疗法，就是通过急促、强烈、粗犷、无拘无束的喊叫，将内心的积郁发泄出来，从而达到精神状态和心理状态的平衡协调。

“喊叫疗法”是一种简易的调适疗法。其做法是利用假日或空闲时间到荒郊野外，无人空旷处，或仅自己一人在家时（记住！必须确认，隔音设备良好或空旷不至影响到邻居，否则易引起邻居的好奇或提出抗议），对着墙壁或者到空旷处大声喊叫，将想讲、想骂、想哭、想笑的人和事尽情宣泄，过后自然神情愉快，轻松无比。

艾德琳是一家公司的中层管理人员，在工作中她总是笑容满面。她是如何做到这一点的呢？下面的一个片段能为我们揭开其中的秘密。

一天晚上，艾德琳的一位好友来探望她，好友见到她时，只见她正对着天上的飞机大声地说话，好友对她的这一举动很是不解，艾德琳解释道：“我将我心中的烦恼对着飞机大声说出来，这样我心情就会轻松很多，这是我发泄情绪的一种方式。”

朗诵诗歌和文章，也与喊叫疗法有异曲同工之妙，可以进行无害宣泄。性格刚直者，往往可以选择一些表现阳刚之气，感情激越的诗文来朗诵，以便疏导怨愤之气。性格柔弱者，则往往适宜于诵读阴柔、缠绵式的作品，以此消弭郁闷。

无论是工作还是生活中，烦恼总会伴在我们左右。如何面对烦恼？如何处理烦恼呢？

一女孩与人激烈争吵，被朋友强行拉开，回到家中仍气愤难平，然而最后还是恢复了平静。问其故，答曰得益于诵读朗诵滑稽、幽默的句子，可以消除不快。诵着这样的诗句，她就觉得一身舒坦，心中的郁块也随之涣然冰释。

无论生活上，工作上，感情上，我们或许会面临多多少少的一些不爽，有时候压的人喘不过气来，这时你需要得找个合适的地方释放一下，以便尽快化解矛盾，让自己的状态调整到最好，消除郁闷的方法有很多，除了在不影响他人的情况下将心中的郁闷大声喊出来外，你还可以尝试以下的方法：

1. 做深呼吸。当你在坏情绪中苦苦挣扎的时候，深呼吸是一种让自己冷静下来的最好的方法。慢慢地呼吸能使心率减缓，从而使人恢复平静。美国一家心理协会推荐从横膈膜进行深呼吸，而不要从胸腔进行浅呼吸。深呼吸有助于产生一种自然的放松反应。这种反应是由于呼气导致的，当你呼气时，肌肉通常会随之放松。而伴之放松的，还有人的坏情绪。一些研究者发现瑜伽也很有帮助，这也是深呼吸带来的效果。听安静的音乐以及肌肉放松练习，同样也能对平稳情绪产生一定的帮助。

2. 将心中的不快写出来。心理学家指出，写作或者写日志可以使人放慢速度，并思考如何应对出现的问题。所以，如果你心情不爽时，那就将积淀在你内心的不快统统写出来，骂人也好，发泄也罢，都可以有效地平衡你的情绪。

运用“音乐”来滋润你的心灵

听音乐也是一种有效祛除焦虑的方法之一。一位哲人说，音乐，是化了妆的灵丹妙药，是一种可以唤醒灵魂的巨大力量。人在绝望时，一首好听的音乐可以让人振奋精神，对生活产生积极的态度；焦虑时，一首好听的音乐如温柔的手一般，可以抚平焦躁的心绪。

在工作中，当压力袭来，当我们深陷在狭小的意识之中不能自拔时，此时好的音乐则可以让我们在潜意识的宽阔空间中忘却烦躁，放弃意识对现实情况的偏执，从而解脱精神痛苦。音乐，是人类的朋友，是保养心灵的良药，是化解心灵障碍的最佳疗法。在心理学上，音乐疗法是自然疗法的一种，它可以提高大脑皮层的兴奋，改善人们的情绪，激发人的感情，振奋人的精神。同时有助于消除由于心理因素、社会现实因素造成的紧张、焦虑、忧郁、恐怖等不良的心理状态，提高应激能力。

奥菲斯有一次随阿果号出海航行，在途中遇到了美丽的尤丽狄丝，并和她结为夫妻。但是他们的恩爱生活十分地短促。婚礼过后不久，尤丽狄丝与朋友在草地上嬉戏时，不幸被一条毒蛇咬伤了，蛇的毒性极强，尤丽狄斯立刻就丧命了。当时，奥菲斯十分难过，他根本无法忍受失去妻子的痛苦，于是，他就决心冒险，到冥府去将心爱的妻子带回人间。

奥菲斯一路弹着他的七弦琴，踏上了可怕的地狱之旅。七弦琴的音乐使所有的鬼神都沉醉在他的音乐之中。而当他来到冥河之时，送死人渡河的船夫对他说："你有影子，不是死人，我不可以放你过河。"

但是，当奥菲斯再次拿起七弦琴时，悲伤的琴声使船夫迷失在了他的音乐世界之中，自动送他渡过了河。就这样，奥菲斯用充满感情的七弦琴，顺利通过了通往地狱的关卡。

最后，奥菲斯见到的地狱的主宰者，并向他哀求说："冥府的主宰，请放了我的妻子尤丽狄丝好吗？我与她刚刚结婚才没几天，她就被毒蛇咬死了。如果没有妻子，我根本活不下去，还是请让她回到我身边吧！"

奥菲斯的深情与优美的琴声使地狱众臣深受感动，地狱主宰者最终将他的妻子放出。

音乐可以向人们传达丰富的情感信息，它可以撼动人的心灵，使人向善良的方面发展。同时，在日常工作和生活之中，音乐有助于释放情绪，提高自我表达能力；它还可以帮助人们减压、排忧解困；同时，还可以改善人的情绪，提高情商；可以改善人际关系以及处事的技巧；改善人的学习兴趣，提高身体的灵活性；增强人的专注能力，强化人的个性气质；加快自我成长，提升自我价值，确定人生方向；等等。

音乐可以在人的心灵中产生最为积极的因素，会使人内心的杂乱无章与其一起共振，使我们的压力在不知不觉中得以缓解。据研究，某些音乐特有的旋律与节奏具有降低血压，减慢基础代谢与呼吸速度的作用，使人在压力之下显得较为温和。

从物理方面讲，音乐可以直接在人体内产生共振效果。因为声音是一种振动，而人体本身也是由许多振动系统构成的，如心脏的跳动、胃肠的蠕动、脑波的波动等等。当音乐声与体内的器官产生共振时，就会在人体内分泌出一种生理活性物质，调节人的血液流动与神经，让人充满朝气，富有活力，这都是音乐的神奇作用。

对于身体有恙的人来说，每天选择在音乐中打坐、冥想，并且同时进行康复锻炼，会改变人的精神面貌，改善不良的情绪。音乐尽管有减压之效，但是，在选用音乐时也要根据自身的实际情况选用才行，否则，就不一定能起到减压的作用了。

1. 好音乐因人而异。

在生活中每个人的音乐欣赏习惯不同，生活经历中的体验也不同，因此对音乐的选用和联想的内容自然也不同。

比如，心情忧郁的人则可以选择听一些“忧郁感”的音乐；性情急躁的人则可以选择听一些节奏慢、发人深思的音乐，如古典交响乐中的慢板部分等；对于悲观、消极的人则宜多听洪亮、粗犷与令人振奋的音乐。这些乐曲可以使人充满坚定的力量，使人充满信心，振奋人的精神；对于患有原发性高血压病的人，则适合听一些抒情的音乐；等等。当然了，职场人士可以根据自身的实际情况，选择能够减压的音乐。

2. 轻音乐，带你走进自然之中。

在工作中，喧嚣的环境是产生压力的重要因素，所以，我们在平时的工作中应该多听些“静”音乐，可以使人在混乱、嘈杂的环境中安静下来。

每天可以抽出一定的时间听10分钟的轻音乐，让自己的心灵享受安静，可以心平气和地投入工作之中，去为人处事。

3. 让爱在音乐中变平静。

爱本身就是音乐。音乐中有爱人的影子，然而在音乐中，我们的情绪会变得模糊。好听的音乐可以抹去时间，可以让一个人的思维停留在一张纸上，安安静静地平躺在上面，去思念我们的爱人。

好的音乐会让人产生好的情绪，而好的情绪可以让我们忘却内心的恐慌，会使失去的爱情和亲情停留在心中，它不会让你为爱牵肠挂肚，而是在音乐的节奏中让内心变得更为圣洁。

音乐是对心灵渴望的另一种补偿，曾经的爱人就藏在音乐中。当音乐响起，心灵就会虔诚起来，音乐中你们可以相依相随……

瑜伽：一种神奇的减压秘方

生活中，瑜伽运动也是一种神奇的舒解负面情绪、减轻压力的方法。“瑜伽”一词起源于印度，是梵文的音译。代表联结、控制、稳定、和谐、平衡、统一的意思。瑜伽训练主要采用呼吸、打坐来调节身心，改善人的体质，增强人体免疫力，有效地缓解精神压力。

瑜伽是一种身心兼修的方法，可以健美、修心、养性，可以使人的心灵与身体、精神达到高度和谐的状态。在现代社会，它不仅仅是一种运动方式，更是一种健康的生活理念和生活方式。在《瑜伽经》中这样说：“对心灵的控制就是瑜伽。”由此可见，瑜伽最终调节的不在于人的身体，而在于人的精神层面。所以，我们平时可以通过瑜伽来调节我们的精神，缓解我们急躁的情绪，让我们生活在更为健康的生活方式之中，并以积极乐观的心态过好每一天。

34 岁的刘容是一家著名企业的中层管理人员，脾气暴躁，还有些自负。在工作中，她时常感到自己的压力很大，经常会为这样或那样的事情焦虑不安，为工作失眠。由于脾气太坏，与周围同事们的关系也很紧张。近五年来，她先后已经更换了多个工作单位。但是，工作依然很不愉快。长期的精神抑郁，使她患上了失眠和严重的肠胃病。

刘容十分清楚自己的病因，就想着去调节和改正，便走进了心理咨询室。针对她的情况，心理医生建议她调整心态，利用工作之余的时间去练练瑜伽。刚开始，她练习瑜伽是为了治失眠。因为平时工作压力太大，每天只要躺在床上，工作的事情就会在脑子里转，怎么也睡不着。她就买了练习瑜伽的光盘，每天晚上总要练习一会儿。一段时间后，她自己也感觉心变得平静了，晚上也不会再去想工作上那些乱七八糟的事情了，自然就能睡着了。

此外，几个月后，她的工作状态也有了好转。不仅休息好了，她好像把一切事情都看开了，并且能心平气和地和同事交往了，周围同事都说她像变了个人似的。

瑜伽并非是能治百病的灵丹妙药，但可以改善你的不良情绪。瑜伽能让人从烦躁不安之中，快速地安静下来。当心平气和的时候，情绪就会向好的方向发展。久而久之，它就会悄悄影响人们的处世方式，不再让他们为工作上的事情而郁闷，心情也会舒展开放、海阔天空。

在工作中，要让烦恼和压力不予存在，就需要适时地净化你的心灵。而瑜伽就是一项净化心灵的运动。瑜伽练习者如果将意识集中于肢体的伸展运动方面时，人体内就会产生一种让人心情愉悦的“脑内啡呔”，让人有效地释放负面情绪，并让人的正面情绪达到“身松心静”及“身心合一”的境界。同时，瑜伽的腹式呼吸法可以强化腹腔内脏，控制呼吸的快慢可以调整紧张的神经，控制人的心跳频率，最终达到缓解压力的作用。

既然瑜伽有神奇的减压功效，职场人士在压力大时，不妨尝试练习一下。当然了，下面为职场人士介绍几个具有排压作用的简单的瑜伽动作。

1. 站立祈祷手势。

排压作用：它可以刺激人体的胃部消化，促使横膈膜不断振动，以致人体的交感神经与副交感神经正常运作。同时也可以温暖脊柱，放松肩部、增加肩颈的柔软度，保持头脑的清晰。

动作要点：双脚并拢，双手贴于体侧。同时，掌心朝前，收腹、提臀、挺胸、压肩、收下巴。面部并保持微笑。吸气，双手合十于腹部，并缓缓向上移动至胸前。再吐气，手肘抬至与肩同高，然后双手掌进行互推。再吸气，吐气，同时双手由手肘带动向右边推，手肘以不超过肩膀为准，并保持与肩同高并做延伸，同时，头颈向左看，保持做 3 个呼吸。然后，以同样的动作，换侧重复。

2. 站立扭转三角式四十度。

排压作用：可以除去内脏的脂肪，强化人体背部肌肉与手臂、颈部的线条，滋养脊柱。可以调整因久坐而造成的坐骨神经麻痹、疼痛，同时还可以强化脚踝机能，刺激人体腰椎血液循环，预防痛经或者是经血过多的症状，活化卵巢，滋养子宫。

动作要点：站立，双腿分开要大于髋宽。吐气，双脚跟开始慢慢往外移，同时并保持脚侧边为直线。吸气，微微蹲坐并保持与背部成一条直线。再吐气，屈髋，臀往后坐延伸。同时手肘与肩背部要保持一线，头与尾椎也要保持一线。下巴微扣，眼睛凝视前方，面部保持微笑。再吸气，双臂贴靠双膝内侧，再吐气，吸气，左手慢慢地放于腰部，右手要保持在右膝内侧。再吐气，转腰，肩保持下压，同时要协助肩膀向后做原地扭转运动。同时，脖子要往后转。吸气，左手臂抬起后并保持与肩同高，眼睛向拇指方向看去，呼吸最好保持在5次以内。

3. 大树式。

排压作用：锻炼身体的平衡感，放松精神并能保持平和的状态，可以增强自信心，强化人体的骨骼，预防骨质疏松，活化内脏。

动作要点：贴于体侧。同时，掌心朝前，收腹、提臀、挺胸、压肩、收下巴。面部保持微笑。吐气，双手慢慢置于髋部，右脚贴紧地面，脚尖向前保持平稳。吸气，左脚慢慢地抬起靠在右脚膝盖内侧，双手合十于胸前。如此保持4次呼吸。

对于以上的三个动作，处于焦虑中的人可以利用工作休息之余练习一下，可以有效地调节生理平衡和心理压力。

SPA：一种时尚的身心“排毒”良方

SPA也是一种非常神奇的舒缓负面情绪、减压的妙方。在现代社会，它不仅是一种美容方式，更是一种身心“排毒”的良方，可以治疗人在生理和心理方面的疾病。它可以消炎、抑菌、活血脉、消除疲劳等，还可以缓解人的精神紧张、消除烦恼、焦虑等。

SPA是指人们主要利用天然的水资源，并结合沐浴、按摩和香薰来促进人体的新陈代谢，利用疗效音乐、天然的花草薰香味、美妙的自然景观、健康的饮食、轻微的按摩呵护与人内心的放松来分别满足人的听觉、嗅觉、视觉、味觉、触觉与冥想六种愉悦的感官的基本需求，使人达到一种身心畅快的享受。SPA除了能通过基本的皮肤洁净与身体按摩外，更强调人与周围环境的互动与契合。它主要涵盖四大精神：营养、身体的运动、心灵的释放、全身的保养与调理。

在现今社会，SPA 尤其对白领女性而言，不仅是一种时尚的美容方式，更是一种时尚的缓解精神压力的妙方。

齐芳是“海归”一族，目前是北京一家著名的私企高层管理人员，平时工作压力很大，时常感到疲倦。她的薪水很高，但是超负荷的体力与精力支出让她背上的巨大的精神压力。

有时候，齐芳也会与同事们一起打球、下棋、游泳等，但是她自己觉得这些运动项目需要很多人参与才有意思。后来，随着压力的不断增大，她也尝试了很多其他的减压方式，但都没有收到好的效果。每天的工作时间又很长，她需要的是一种能从体力与精神上双重放松的减压方式。

有一次在欧洲旅行之时，听朋友说 SPA 在那里非常受人欢迎，而且那里的 SPA 种类又别具一格，所以就与朋友一同去尝试了一下。刚进 SPA 所，齐芳就被其中美妙的氛围所陶醉：轻音妙曼、天然的花草香袅袅地升腾在雅致空间里，她能够感受到水滴、花瓣、绿叶、泥土的亲抚，呼吸着来自自然森林原野的植物所散发出清新气息，一切好像都归于了平静。她感受着美疗师温柔手法的呵护，思绪犹如天空中飞翔的鸟儿般自在，一切烦忧尽散。

当她步出 SPA 所时，一日的倦容早已消失殆尽，精神格外的轻松。后来回国后，她就为此着迷了，SPA 成为她的主要减压方式。

齐芳从 SPA 所美妙的氛围中，体验到了不同凡响的身心的超脱，疲惫的精神很快得到改善，困意也全消。

有人将 SPA 称为是一座补充能源的“身心美容充电站”。随着时代的不断发展，人们赋予了 SPA 更新的方式和更丰富的内涵。现代 SPA 主要融合了古老按摩传统与现代高科技的水疗法，已经成为现代都市人回归自然、消除工作压力、休闲、美容于一体的时尚健康生活理念，配合着五感疗法，无论是舒缓按摩、美容还是温泉水疗，但凡与缓解压力、舒缓身心有关的活动，都可以称之为SPA。

现代SPA的方式是多种多样的，职场人士可以完成在家享受。下面为都市人介绍几种可以消乏减压的家庭式SPA方式。

1. 中草药浴盐SPA。

魔力功效：主要能除菌、消炎、解乏减压，增强足部的底气。如果你是个户外工作者，比如摄影记者、市场调研人员，或者销售人员，长时间在外站立奔走，容易因体力疲惫而感到心烦气躁，而中草药浴盐SPA可以通过补充人体脚部的精气使人充满精神，舒缓压力。

中草药浴盐SPA的配比方式：1. 适量的当归，可以活血通络，解除体内的郁气；肉桂则可以温肾助阳，消除人体腰部的疲劳；藏红花有止痛效果，是极好的足疗原料，可以充足足部精气，达到消除疲劳的作用。2. 将这些中草药配好后，双脚浸泡其中约半个小时。同时，双脚要互相摩擦，或者你可以用五指穿插在脚趾中间，并用力向外拉伸脚趾，就可以起到十分好的舒缓压力的效果。

2. 温泉浴盐SPA。

魔力功效：主要能够解除腰颈的酸乏，它可以通过活络人的筋骨，增加人体的血液循环，能够极好地解决白领人士亚健康的生理或心理问题。

温泉浴盐中主要含有镁盐、钙铁盐、锌盐等多种的矿物质成分，如果你睡眠不好，容易疲劳，经常感到心烦气躁、焦虑、精神紧张等，温泉浴盐便可以使你的这些问题得到舒缓。

配比方式：①根据水量将温泉浴盐放入洗澡水中溶解，并且边放边搅动。可以将水温调到38℃～40℃之间，因为人体最喜欢这个温度。在这个温度下，也可以使浴盐的功效发挥到极致。

②在泡浴之前，先用淋浴将身体洗干净，这样，就可以帮助你的身体更好地适应水温。泡浴时间一般在20～30分钟为宜。在浸浴时，你可以将手扶在浴缸边上，腰背慢慢地向后面仰，反复呼吸，可以帮助你有效地减除腰痛肩酸之苦。呼吸时，你的每个毛孔都好像在呼吸，可以有效地排除内心的烦躁、缓舒心理紧张、焦虑等不良情绪。

③温泉本身的矿物质也会透过表皮渗入身体皮肤内，能够起到十分好的美肤作用，特别适合现代白领人士。

以上两种简单的家庭SPA水疗方法，职场人士可以尝试。但是在做SPA水疗时还要注意几点：当你有严重的心脏病或者癫痫病时，不可做水疗；高血压病患者水疗时，水温必须要低一些；低血压患者久泡后，起身时应该特别注意安全；身上有伤疤，女性在月经期或者怀孕之时，最好都要避免做水疗。

意义冥想：让你重新找回生活的激情

许多人在工作的初期，都是有理想、目标和追求的。虽然未来的道路很漫长，但是有明确的方向，也有了十足的工作动力。随着时间的增长，当自己梦寐以求的东西陆续到手的时候，就会突然感觉前面的道路变得迷茫了，完全不知道自己今后的工作和生活是为了什么。于是，只是机械地开始整日整夜地加班、熬夜，把自己搞到身心俱疲、焦虑不安，始终都搞不明白自己做这一切是为了什么，自己究竟是为何而活的，觉得自己的生命已经枯竭了。

如何才能重新找寻到工作的意义，从而从根本上祛除内心的焦虑情绪呢？针对这样的心理，维也纳罗斯儿童医院医学博士弗兰克尔开创了意义治疗法。意义疗法是一种在治疗策略上着重在引导就诊者寻找和发现生命的意义，帮助消极的人树立明确的生活目标，并最终让他们以积极向上的态度来面对和驾驭生活的心理治疗方法。这种心理疗法可以让人们懂得“为何而活”，然后去迎接“任何困难”，从此走上追求生命意义的人生道路，并从中体验到真正的人生幸福。意义疗法的发明者弗兰克尔本身就是意义疗法的最大受益者。

“二战”开战后，身为犹太人的他拒绝了美国为他签发的移民签字。后来，他就被纳粹党送进了集中营。在那段艰苦的岁月中，他失去了父母、兄弟、妻子，只有他的妹妹与他一起活了下来。当时他一无所有，他只有一条生命在漫长的、折磨的日子中残喘。

在那段时间中，他心情极其低落，觉得死亡或许可以使自己获得解脱。就在这个时候，激发了他要开创意义疗法的灵感。他之所以能够活下来，也就是因为当时他已经开始思考和总结意义疗法的框架。

当时，弗兰克尔在集中营的主要工作就是不停地挖地沟和隧道，单调而又乏味。他经常在寒冷的冬天穿着十分单薄的衣服御寒。当时，他自己认为自己除了“赤裸裸的生命之外，已经没有任何东西能丧失了”。那时候只有“服从生活的命令”，这样的生活从另一方面又警示了弗兰克尔，意义的答案不止一个，每个人都需要找到一个特殊的理由生存下去。比如有些人可以为了保持尊严去忍受痛苦，有些人在绝望中还相信生活依旧对他们有所期待，有些人为了亲友的爱而继续活下去……

从集中营回国时，他有了这样的认识：人在任何情况下，都有选择他们行动的能力。在一切情况下包括在痛苦和面临死亡之时，都能够发现生活的意义。在人的人格动机体系中，起支配地位的是意义与意志，它对人的心理健康起着十分重要的作用。这是意义疗法的核心内容。

尽管弗兰克尔没有告诉我们用什么样的方法去发现生命意义在何处，但却对什么是意义，怎么找到它们提出了一些指导。他认为活得有意义是人生活的基本动力，并具有以下四个特征：

1. 对自认为有意义的目标的努力。

2. 它是可能完成的，并且是可行的目标或行动。

3. 一个人以自我为中心，为他人付出得越多，他可能获得的就越多。

4. 意义感在人的一生中能够改变或改进。

在工作中的每一天，每个人都有机会了解到不同人的人生方向与目标。如一个公务员可能投身于救助和照看流浪动物的行动中去，致力于把这个世界变得更好；一个人商人，可能在商业方面获得了巨大成功，但心里却一直藏着想成为一个艺术家的梦。每个人都在用自己的方式，寻找着属于自己的人生意义。找到人生的意义是人生的一项巨大挑战，同时也是一种最大的满足。而意义疗法就是在人们绝望之时，转变人的观念，让他们找到属于自己的生活或生存意义的基本方法。它主要包括以下几个方面：

1. 如何看待自己的工作？

你在从事什么样的工作？做到了哪个职位？对于自己正在从事的这份工作，又是如何看待的？对一个人来说，可能已经对自己的工作失去了兴趣和新鲜感，甚至开始厌倦和反感了，或者已经觉得心力交瘁，没有任何成就感了。

其实，从事什么工作并不重要，重要的是如何从事这项工作，对工作怀有何种态度。只有积极的、有创造性的、有责任感的态度，才能赋予工作以意义。而对有些人来说，工作已经成了填补他们空虚生活与无意义感的手段。若以这样的态度对待工作，那么每个周末来临时，无目的、无意义的生活状态就会袭上心头。然而，工作并不是发现生命意义的唯一途径，我们可以保持内心的自由，从困境中发掘出我们为战胜工作难题的存在意义。

2. 如何看待爱情?

弗兰克尔将两性之间的关系分为三个层次：生理的、心理的、精神的，这三者分别对应着性、情和爱。

生活中，很多人只顾单恋带来的紧张，或不相信爱的存在，因而回避一切爱的机会，将两性关系降到较低的层次。对于这些人，意义疗法采取的方法是：引导他们学会并乐于接受九苦一甜的爱，并让他们学会承担爱情带来的责任。

对于一直单身，没有找到对象的人来说，意义疗法的作用是让其明白，爱情的本质不是索取，而是通过付出得到一种幸福的体验。体验爱情的幸福，才是爱情的意义所在。

对于失恋者来说，意义疗法的作用是：让其懂得获得爱情不是占有对方，而是看着被爱的人幸福。让被爱的人幸福，获得他（她）想要的幸福，我们的爱才会不受束缚，才能自由飞翔，才会天长地久。

3. 如何看待生活苦难?

苦难中，人们可以得到一个机会去实现最深的意义与最高的价值——态度的价值。因为正视命运所带来的痛苦，本身就是一种进取，而且是人所具有的最高层次的精神进取。

苦难可以使人远离冷漠与无聊，使人变得更为积极，从而成长与成熟。当然，痛苦是不可避免的，忍受痛苦才具有巨大的价值。

从某种意义上说，当发现一种受难的意义，如牺牲的意义时，受难就不再是受难了。否则，苦难就不能称其为苦难，忍受也没有什么意义。

最后，需要注意的是，我们不应该总去追问生命的意义是什么，而应当负起生命中的任务所赋予的责任，在完成这一使命的过程中，生命的意义将逐渐地呈现。

如果一个人只以快乐和幸福为目标时，就常会找不到快乐和幸福；而放弃这一狭隘目标，全身心投入生活时，快乐和幸福反而来了。

静心即冥想：随时静下来为你的心灵“排排毒”

很多人在一起打坐，教练给大家提出了这样一个问题：“你有没有什么与众不同的地方？”大家对教练突然间的问话答不出来。所以只有默不作声。

又过了一会儿，有一个人回答说：“我知道。”

教练问道：“那是什么呢？”

那人答道：“我觉得饿的时候就吃饭，困的时候就睡觉。”

这算什么与众不同的地方，每个人都是这样的，有什么区别呢？其他人都开始争先恐后地说。

那人继续答道：“当然是不一样的！别人吃饭的时候总是想着别的事情，不专心吃饭，睡觉的时候也总是做噩梦，睡得不安稳。而我吃饭就是吃饭，什么也不想，睡觉的时候从不做噩梦，所以我睡得安稳。这就是我与众不同的地方。”

那个人的一番话说出了一个极简单的道理：当一个人专注于某件事情时，忧愁和焦虑便难以来打扰。其实，这便是冥想的真谛：专注于内在的“自我”，感受其中的美好，将自我与外界痛苦隔离。这也从另一方面告诉我们，生活中随时随地的静心便是一种冥想，也是心灵的排毒工作。

其实，冥想本身，可以与放松、静心结合使用，也可以单独使用。如果把我们原始的生命能量比喻为马匹，我们就是骑手。要驾驭好一匹好马，骑手首先要做的是了解马，与马交朋友，最后才可以驾驭它，让它和自己一起自由驰骋。冥想也是同样的道理。

在缺乏训练和指导的情况下，我们往往是最拙劣的骑手，不但不能驾驭好马，弄不好还会被马摔下来。这个时侯，我们会感觉到内心有冲突，力不从心，会骂自己是笨蛋。另外一种情况是，我们不仅不能指挥马，相反却被马指挥，任由马载着自己四处乱窜，还自我安慰说这叫“顺其自然”。

冥想就好比我们首先让马安静下来，愿意听我们的指挥，接下来的冥想，就是驯服马匹的工作。

积极有效的冥想，要求我们能够非常投入，非常高度地集中精力，忘我地去想象一个场景、一个物体或一个人。如果没有放松和静心的基础，我们的投入会很有限，注意力也很容易被分散，效果就大打折扣，反之，则会有神奇的功效。

内在的平静，是我们生活的根基，是生命品质的升华。内心缺乏平静的人，很容易被事情和人所左右，犹如一片激流中的树叶，随波逐流漂浮不定。获得了内在的平静后，我们就变成了波涛中的礁石，任由惊涛骇浪，我自岿然不动，这是一种高境界的冥想。冥想就是如此简单，任何人在任何地方都可以操作的训练。所以，生活中，当你被忙碌驱使的时候，当你感到力不从心的时候，学着让自己的心静下来吧：抽出一小时，什么也不做。当然前提是，你一定要找一个清静的地方，否则如果遇到了熟人，你一定不可避免地会像往常那样与对方漫无边际地聊起来。也许刚开始的时候，你会觉得心慌意乱，因为还有那么多事情等着你去干，你会想如果是工作的话，早就把明天的计划拟定好了，这样干坐着，分明就是在浪费时间。但是，你必须要将这些念头从你的大脑中赶走，坚持下去，渐渐地你就会发现，整个人都轻松多了。你会体会到这一个小时的时间是如此地惬意，然后再做起工作来，不再会像以前那么手忙脚乱了，你可以很从容地去处理各种事务，不再有逼迫感。当然，你可以慢慢地逐渐地延长空闲的时间，每天两个小时，三个小时。一旦养成了习惯，你的生活将得到很大改善，你就会从那种时刻都紧张的情绪中解脱出来，使头脑得到彻底地净化。

尝试“森田疗法”来扫除你的焦虑感

要祛除焦虑、平衡情绪，森田疗法是我们值得尝试的一种方法。森田疗法是一种顺其自然、为所当为的心理治疗方法，该方法主要适用于由压力带来的焦虑症、恐惧症、强迫症、疑难症、神经症性的睡眠障碍等症状。

作为森田疗法的创始人森田正马教授个人认为，有焦虑症、恐惧症、强迫症、神经症性的睡眠障碍等症状的人常常对自身身体与心理方面的不适感极为敏感，他们的内省力很强，且很担心自己的身体健康。他们常将一些正常的生理变化误认为是病态，过分地关注自己与周围的事情，所以常使自己陷入焦虑之中。这些人如果能够顺其自然地接受与服从事物运行的客观法则，正视自身的消极体验，客观地接受各种症状的出现，将心思放在应该做的事情上，这样他们的心理动机冲突就可能会排除，痛苦也就自然能够减轻。

森田正马曾经对自己的这种心理疗法有深刻的体会。

森田正马出生在日本一个农民家庭。小时候，他是一个十分聪明的孩子，当地人都称他为“神童”。然而由于父母对之要求过严，使他一度地厌恶上学，以至于在学校的成绩平平。他天生敏感，在10岁的时候因看到寺庙中色彩斑斓的地狱绘图，就经常产生对死亡的恐惧感，夜间常常难以入眠，也常被噩梦惊醒。由于天生敏感，在25岁的时候，他被诊断为神经衰弱症。对此，他非常苦恼，因为当时刚好他要参加假前考试，如果考不过的话，将必须要补考。

当时亲友们都劝他参加考试为妥，但是父亲当时也有两个月没给自己寄学费了。森田正马对父亲的这种缺乏人情味的行为极为愤慨，并由此放弃了去治病的想法。父亲的行为确实也激怒了他，他认为没有亲人在乎他，不就是个死吗，有什么好害怕的，但是在死前胡乱参加完考试也不碍事的。这样的想法，使他收到了意外，他的神经衰弱症不仅没有恶化，同时他也考出了非常好的成绩，在229人中，他考到了25名。

对此，森田马正有这样的描述：“曾有两件事情使我的精神修养发生了大的转机，一是在太多的关注下参与考试，二是高中的时候，某夜因为饮酒之后被友人砍伤之事。”自那次考试之后，森田的头痛消失了，神经症也好转了。

森田在神经衰弱的情况下，没有过多地专注于自己的疾病，顺其自然地参加考试，因而考出了超人意料的好成绩。如果他总在抱怨父亲的无情，疾病的痛苦，那么，只能是自找苦吃。

人本身也存在一定的自然规律，如情绪，是我们对事情本身的自然流露，本身有一套从发生到消退的程序。如果你接受它，遵循它，它很快就可以走完自己的程序，反之则不然。顺其自然就是不要去在意那些有“自然规律”的情绪或者念头。当情绪来的时候，我们需将自己的注意力放在客观的现实之中，该工作就去工作，该学习就去学习，该聊天就去聊天，即去做自己应该去做的事情。也许刚开始的时候，我们会感到痛苦，但是只要相信它们会自然地消失的，并努力地做好自己该做的事情了，那么，这种杂念、情绪就会在我们认真做的过程中不知不觉地消失了。

森田疗法采取的治疗方式主要包括卧床疗法与日记疗法。

1. 卧床疗法。

卧床疗法是森田疗法中最具特点的疗法。主要采用住院的方式。在开始的一段治疗过程中，除了吃饭、洗脸以及上厕所外，不允许患者离开床，连读书、看电视、听收音机等都要被禁止，除了查病房的医生以外，不允许其与任何人说话，只准患者躺着想自己的苦恼与痛苦的经历。

通过此种方式可以通过压抑人们与生俱来的力量，也可以称之为“生的欲望”来发现生命力的存在，体验那种即使有苦恼的事情也毫不在乎的感受，并去除外界的种种刺激，消除苦恼和痛苦。

2. 日记疗法。

森田疗法都要求患者记日记，可以让患者必须要将写着每天行动内容的日记拿给治疗者看，同时要将笔记本的三分之一区域空出来供治疗者用红笔做批注。比如：患者在日记中写道：“今天我因为担心心脏不舒服，不工作了，需要休息!”医生会批注：“不可逃避，要不去理会不安的心情，要继续工作。”或者写道：“恐惧突然来临了，回避的话，你将会越来越痛苦。”等等，通过写日记，治疗者可以掌握患者日常生活的具体情况，再将它导入到治疗中去，也可以让治疗者具体指导患者的行为，帮助患者树立将以情绪为中心的心理状态转变为以行动为中心的处事态度。

在日常生活中，一些患者也怕麻烦或者因为过于忙碌，拒绝去写日记，想省掉日后给医生看的麻烦，甚至想敷衍了事，这是十分不恰当的做法，采用正确的方法才可以让你尽早脱离疾病的苦恼。